普通高等学校"十四五"规划机械类专业精品教材

画法几何及机械制图习题集（第三版）

主　　编　许良元　林　双　吴彦红

副 主 编　段武茂　李　红　杨　洋　黄桂芬

华中科技大学出版社

中国·武汉

内 容 简 介

本书是《画法几何及机械制图》（第三版）（吴彦红、林双、许良元主编，华中科技大学出版社出版）的配套习题集。

本书的编排顺序与《画法几何及机械制图》（第三版）一致，共 9 章。主要内容有：制图的基本知识与技能，点、直线、平面的投影，立体，组合体，轴测图，机件常用的表达方法，标准件与常用件，零件图，装配图。

本书适合 70～120 学时机械类和近机械类专业选用，可供理工科大学本科、高职高专相关专业使用，也可供参加成人教育或社会自学考试的人员等自学用。另外，对于选用本书的读者，我们还可以提供电子习题答案，电子习题答案索取邮箱：jixie_hustp@163.com。

图书在版编目（CIP）数据

画法几何及机械制图习题集/许良元，林双，吴彦红主编．—3 版．—武汉：华中科技大学出版社，2022.3（2025.9 重印）
ISBN 978-7-5680-8082-8

Ⅰ.① 画…　Ⅱ.① 许…　② 林…　③ 吴…　Ⅲ.① 画法几何-高等学校-习题集　② 机械制图-高等学校-习题集　Ⅳ.①TH126-44

中国版本图书馆 CIP 数据核字（2022）第 037581 号

画法几何及机械制图习题集（第三版）　　　　　　　　　　　　　　　　许良元　林　双　吴彦红　主编
Huafa Jihe ji Jixie Zhitu Xitiji(Di-san Ban)

策划编辑：俞道凯　胡周昊
责任编辑：吴　晗
封面设计：原色设计
责任监印：周治超
出版发行：华中科技大学出版社（中国·武汉）　　电话：(027)81321913
　　　　　武汉市东湖新技术开发区华工科技园　　邮编：430223
录　　排：武汉三月禾文化传播有限公司
印　　刷：武汉市洪林印务有限公司
开　　本：787mm×1092mm　1/8
印　　张：19
字　　数：316 千字
版　　次：2013 年 8 月第 1 版　2025 年 9 月第 3 版第 4 次印刷
定　　价：43.80 元

华中出版

前　言

本书是《画法几何及机械制图》(吴彦红、林双、许良元主编,华中科技大学出版社出版)的配套习题集。此次在第二版的基础上,根据教育部高等学校工程图学教学指导委员会 2010 年制定的"普通高等学校工程图学课程教学基本要求",结合《画法几何及机械制图》(第三版)的内容对本书进行了修订,具体修订内容如下。

(1) 第 1 章加强了平面图形尺寸标注训练;第一次大作业"仪器绘图"增加了作图步骤说明,并加大了图形难度,以强化学生手工绘图技能。

(2) 第 3 章在立体与立体相交部分,增加了平面立体与回转体相交求作相贯线及用辅助平面法求作相贯线的题目。

(3) 对部分章节的题目进行了替换、增减,使本书更加符合教学要求。

(4) 根据近年新修订的相关国家标准,更新了相关内容。

本书基本保持了第二版的编写特点,以培养空间构思能力为核心,以培养绘图、看图能力为前提,具体特点主要体现在以下几个方面。

(1) 本书内容体系的安排与配套教材保持一致,相互融合,各知识点由易到难,逐步提高,符合学生认知和学习的规律。

(2) 在保证课程教学基本要求的前提下,习题留有一定的余量,供使用本习题集的教师根据教学时数的多少选留作业,便于教师组织教学。

(3) 本书中的大作业可根据各校情况和学时选做,学生在完成作业时,既可用仪器绘图、徒手绘图,也可用计算机绘图。

本书由安徽农业大学许良元、福建农林大学林双、江西农业大学吴彦红任主编,江西农业大学段武茂、李红,安徽农业大学杨洋、福建农林大学黄桂芬任副主编。参加编写的还有文建萍、樊十全、肖怀国、李素青等。

在本书编写过程中,我们参考了国内一些同类习题集和有关资料,在此特向相关作者致谢!

由于编者水平有限,书中难免存在缺点和错误,恳请读者批评指正。

编　者

2021 年 11 月 7 日

目　　录

第 1 章　制图的基本知识与技能 ·· (1)

　1-1　字体练习 ·· (1)

　1-2　图线和尺寸注法练习 ·· (2)

　1-3　平面图形尺寸标注 ·· (3)

　1-4　斜度和锥度练习 ·· (4)

　1-5　椭圆画法练习 ·· (4)

　1-6　综合练习 ·· (4)

　1-7　第一次大作业——仪器绘图 ······································ (5)

第 2 章　点、直线、平面的投影 ·· (7)

　2-1　根据轴测图,找出对应的三视图 ·································· (7)

　2-2　绘制形体的三视图 ·· (8)

　2-3　点的投影 ·· (9)

　2-4　直线的投影 ··· (10)

　2-5　平面的投影 ··· (12)

　2-6　直线与平面、平面与平面的相对位置 ····························· (13)

　2-7　换面法 ··· (16)

第 3 章　立体 ··· (18)

　3-1　立体投影及其表面上的点 ······································· (18)

　3-2　平面与平面立体相交 ··· (19)

　3-3　平面与回转体相交 ··· (20)

　3-4　立体与立体相交 ··· (22)

第 4 章　组合体 ··· (24)

　4-1　根据三视图,补画组合体中所缺图线 ····························· (24)

　4-2　组合体三视图的草图练习 ······································· (25)

　4-3　绘制立体的三视图 ··· (26)

　4-4　组合体的尺寸标注 ··· (27)

　4-5　补全三视图中所缺漏的尺寸 ····································· (28)

　4-6　补画视图中所缺图线 ··· (29)

　4-7　由主、俯视图选择正确的左视图 ································· (30)

　4-8　组合体线面分析 ··· (31)

　4-9　根据所绘视图,分析并补画第三视图 ····························· (32)

　4-10　第二次大作业——组合体三视图 ································· (35)

第 5 章　轴测图 ··· (36)

　5-1　根据投影图,画出正等轴测图 ···································· (36)

　5-2　根据投影图,画出斜二轴测图 ···································· (38)

第 6 章　机件常用的表达方法 ··· (39)

　6-1　机件的基本视图、向视图、局部视图 ······························ (39)

　6-2　机件的斜视图 ··· (40)

　6-3　全剖视图 ··· (40)

　6-4　全剖视图、半剖视图 ·· (42)

　6-5　局部剖视图 ··· (43)

　6-6　分析、判断半剖视图、局部剖视图的对错 ·························· (44)

6-7　画全剖视图 ……………………………………………………（45）

6-8　斜剖和组合剖视图 ……………………………………………（46）

6-9　简化画法及综合练习 …………………………………………（47）

6-10　断面图 …………………………………………………………（48）

6-11　第三次大作业——表达方法综合应用 ………………………（49）

第 7 章　标准件与常用件 ……………………………………………（51）

7-1　螺纹的规定画法 ………………………………………………（51）

7-2　螺纹的标注 ……………………………………………………（52）

7-3　螺纹紧固件 ……………………………………………………（52）

7-4　螺纹紧固件连接的画法 ………………………………………（53）

7-5　直齿圆柱齿轮的规定画法 ……………………………………（55）

7-6　键、滚动轴承和弹簧的画法 …………………………………（56）

第 8 章　零件图 ………………………………………………………（57）

8-1　零件表面结构要求 ……………………………………………（57）

8-2　极限与配合、几何公差 ………………………………………（58）

8-3　读零件图 ………………………………………………………（59）

8-4　第四次大作业——根据零件轴测图画零件图 ………………（62）

第 9 章　装配图 ………………………………………………………（64）

9-1　由零件图拼画装配图 …………………………………………（64）

9-2　读装配图和由装配图拆画零件图 ……………………………（68）

1-1 字体练习

1.书写汉字(长仿宋体)。

机械制图校核比例件数材料序号名称重量

螺栓母垫圈钉柱齿轮平键轴承底座环杆套

汉字字体端正笔画清楚排列整齐间隔均匀

国家标准投影公差轴套盘盖叉架箱体密封

2.书写数字和字母。

1234567890ABCDEF

IJKLMNOPQRSTUVWX

abcdefghijklmnop

qrstuvwxyzabcde

I Ⅱ Ⅲ Ⅳ Ⅴ Ⅵ Ⅶ Ⅷ Ⅸ Ⅹ

| 专业班级 | | 姓名 | | 学号 | | 1 |

1-2 图线和尺寸注法练习

1. 在指定位置处按示例画出各种图线和图形。

2. 用1：2的比例在指定位置处画出所示图形，并标注尺寸。

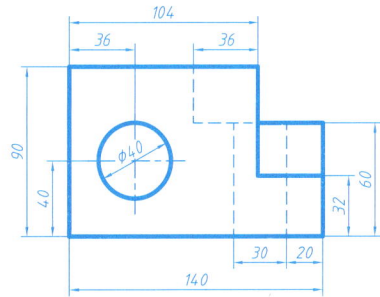

104
36 36
90
40
φ40
60
32
30 20
140

3. 尺寸注法改错：检查左图尺寸注法上的错误，并在右边空白图上做完整和正确的标注。

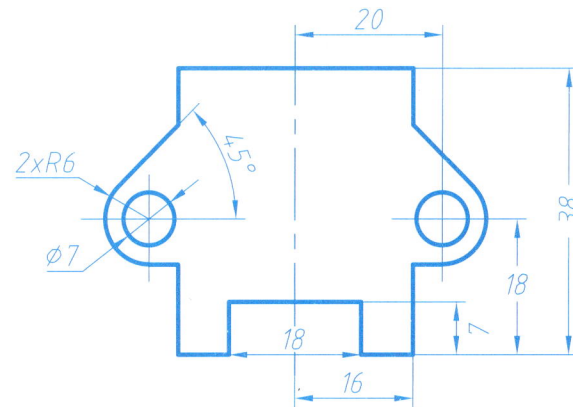

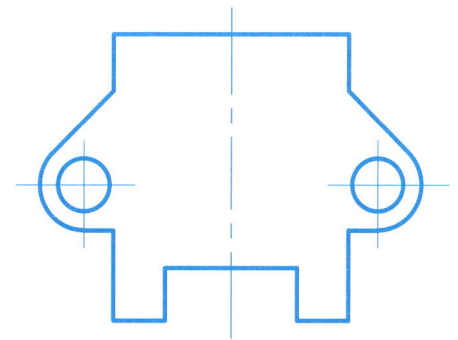

20
45°
2xR6
φ7
38
18
7
18
16

| 专业班级 | | 姓名 | | 学号 | | 2 |

1.

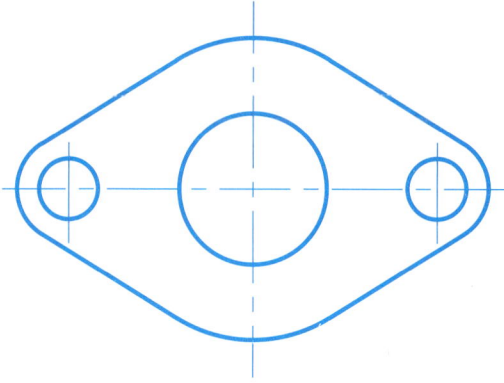

2.

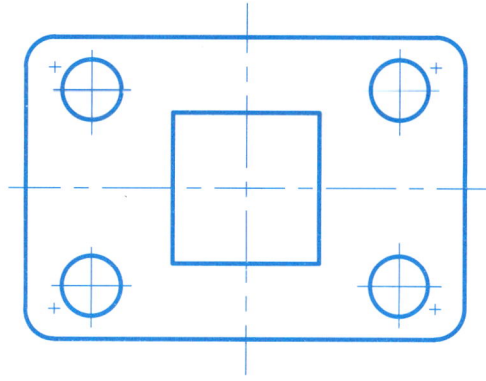

3.

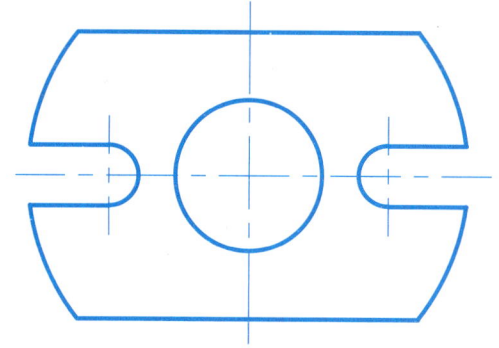

4.

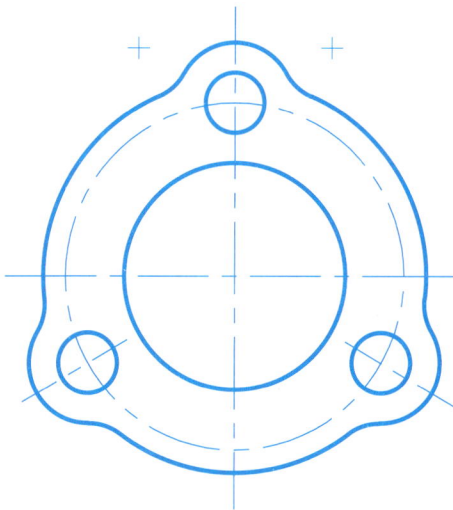

5.

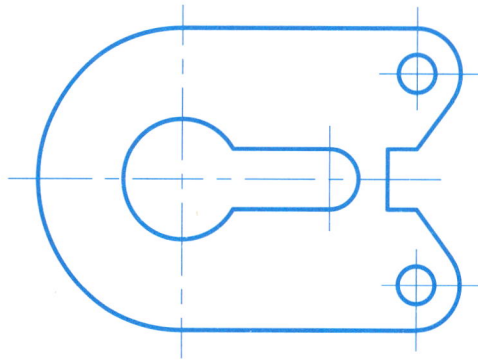

6.

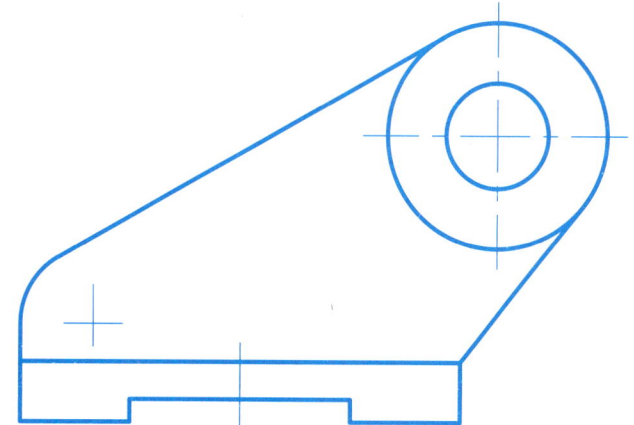

1-4 斜度和锥度练习

1. 用1:1的比例在指定位置画出所示图形,并标注尺寸。

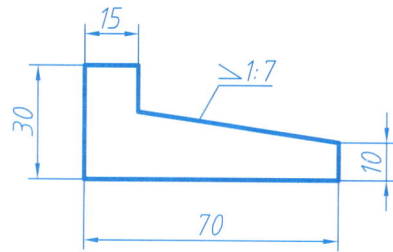

2. 用1:1的比例在指定位置处画出所示图形,并标注尺寸。

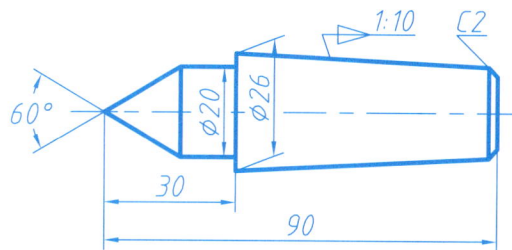

1-5 椭圆画法练习 | 长轴为80 mm,短轴为60 mm,用四心圆法,比例为1:1。

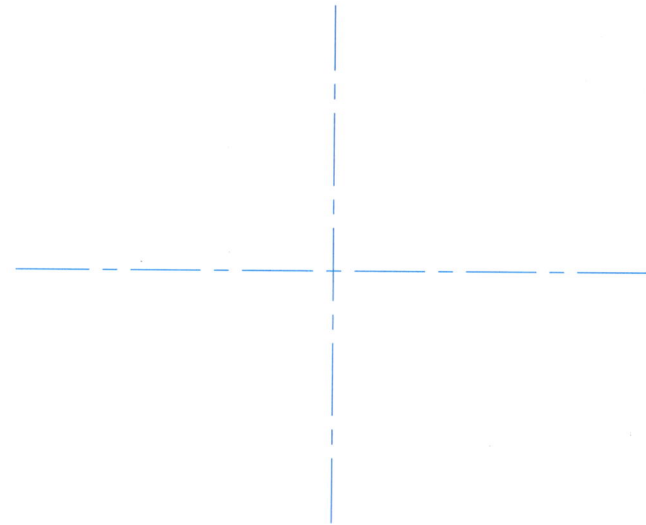

1-6 综合练习 | 按1:1的比例在指定位置绘制所示图形。

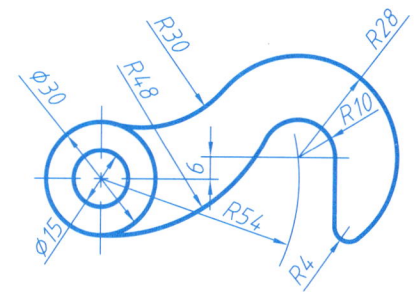

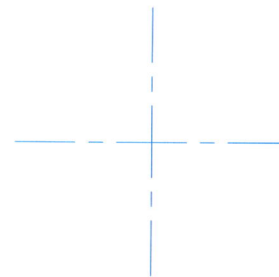

专业班级		姓名		学号		4

1.

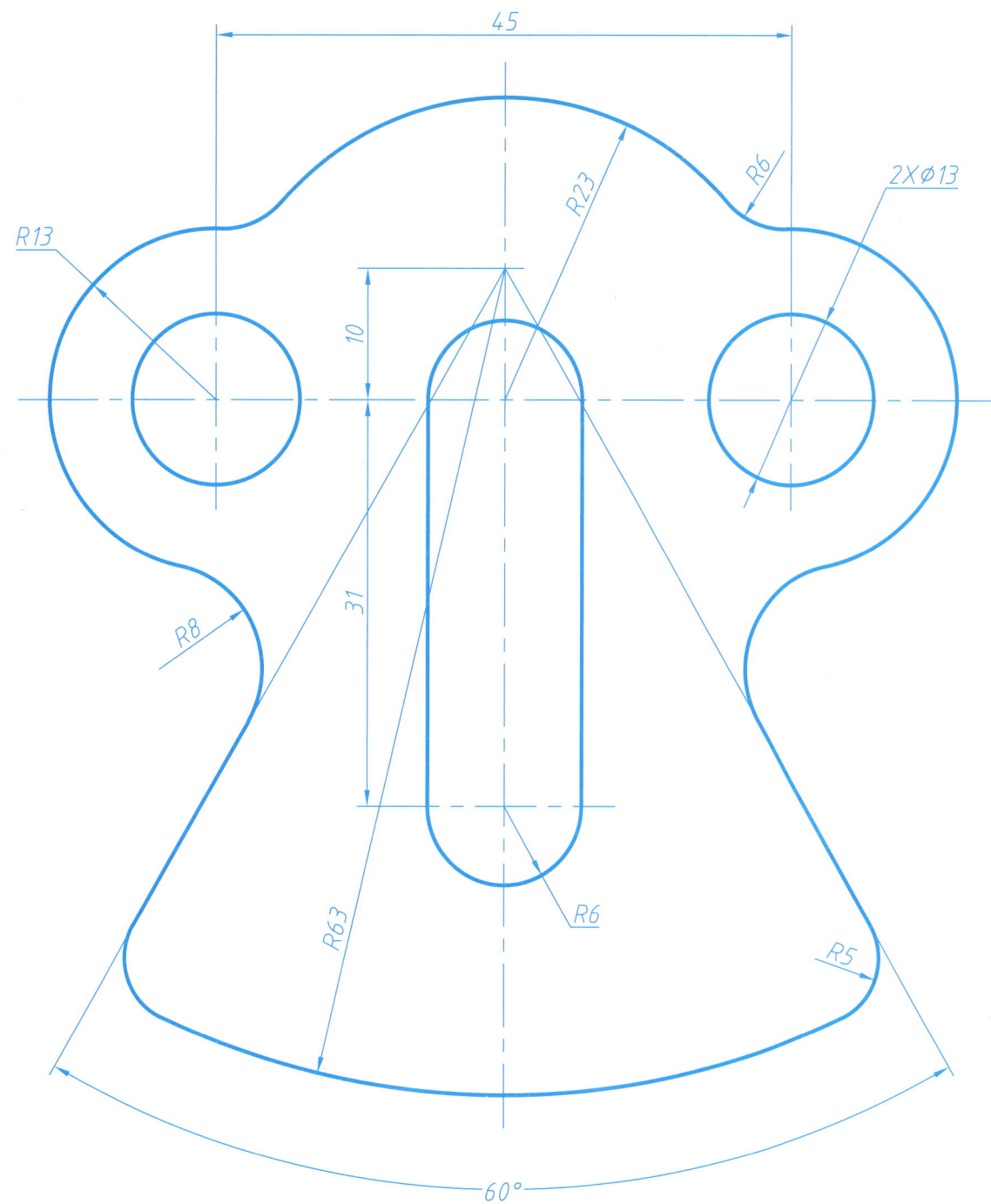

2.

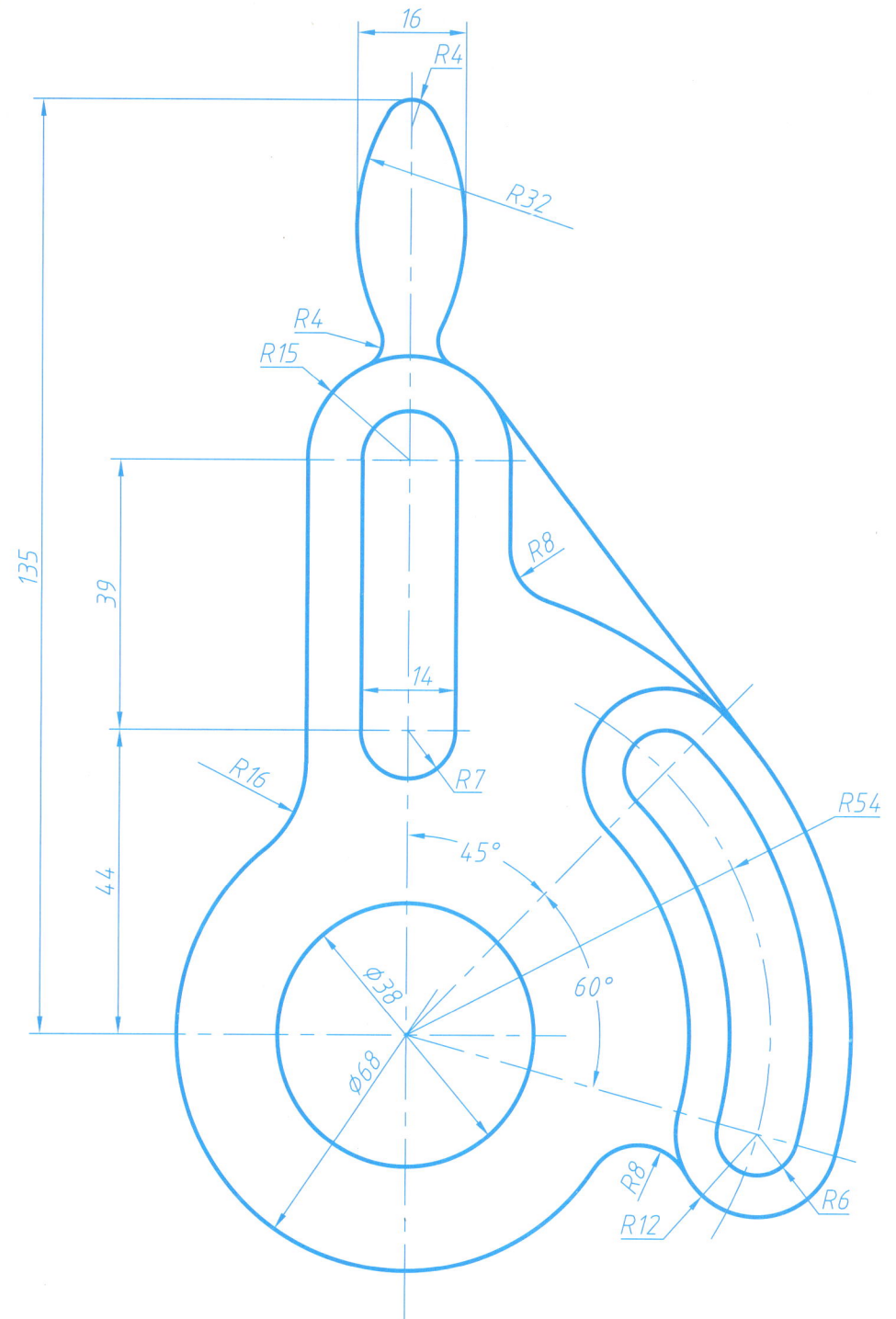

| 专业班级 | | 姓名 | | 学号 | | 5 |

1.

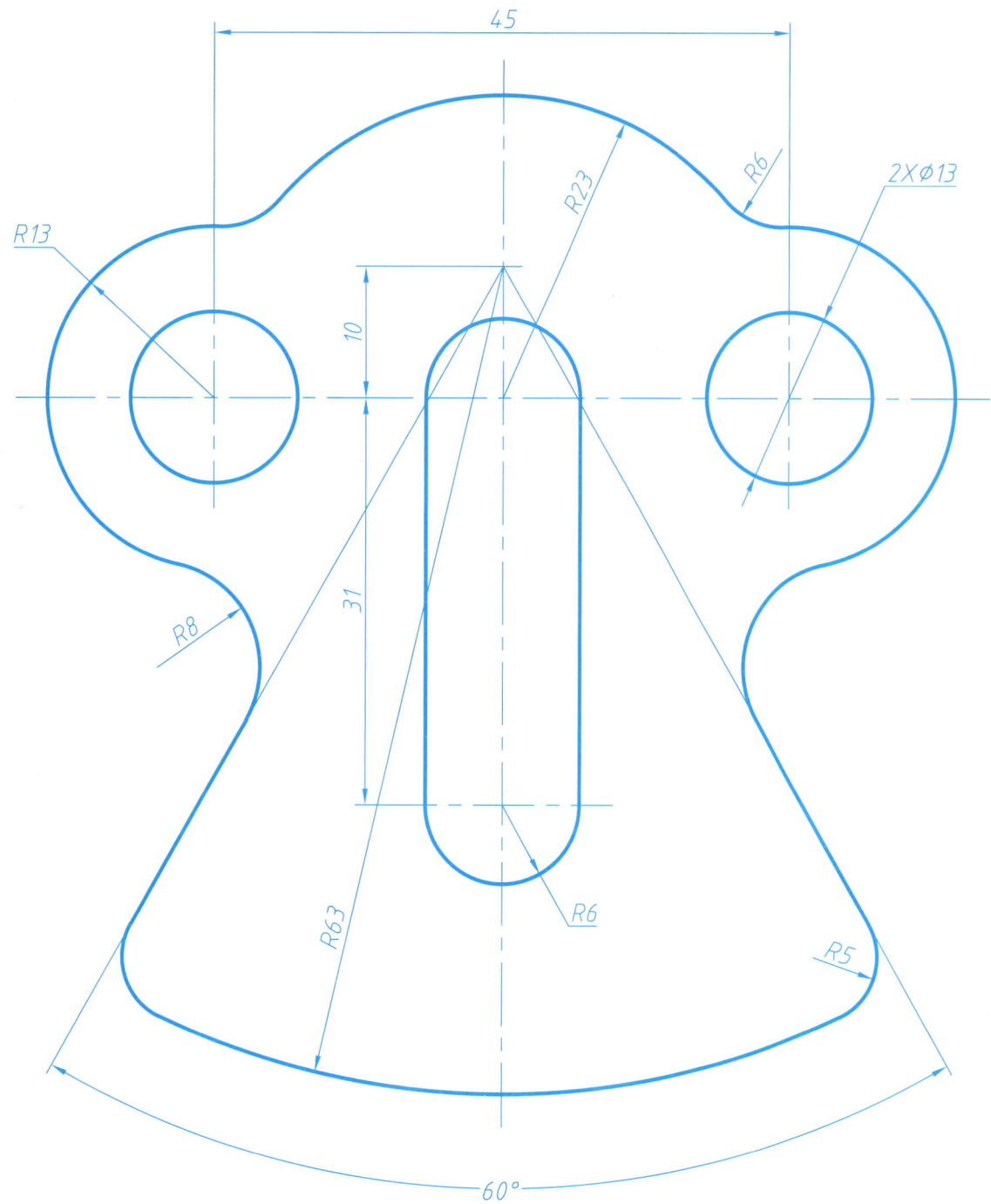

2.

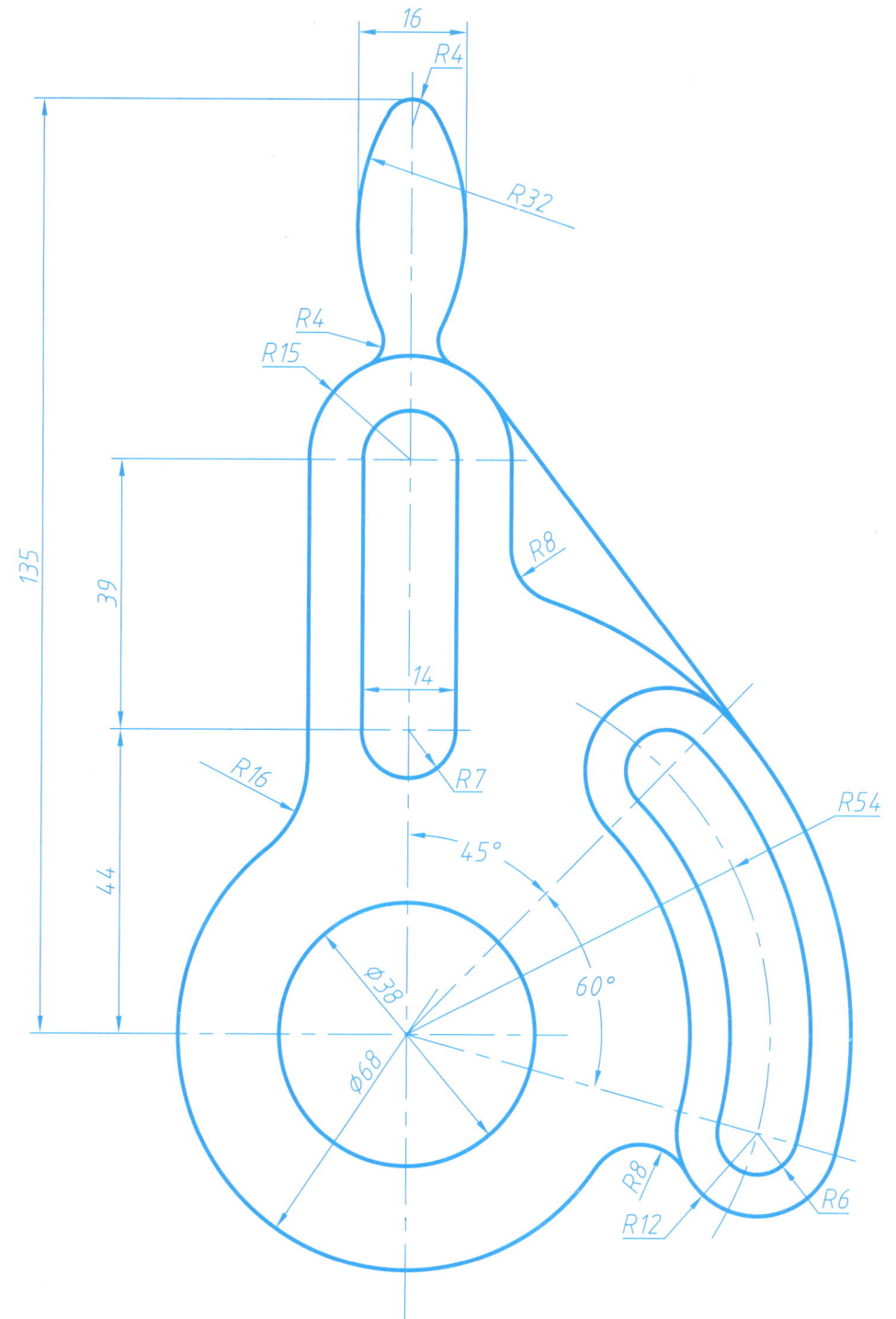

一、内容、目的与要求

1. 内容：将第5页的两个图形画在一张A3幅面的图纸上，并标注尺寸。

2. 目的：熟悉国家标准《机械制图》中的图纸幅面及格式、比例、字体、图线及尺寸注法的规定；掌握平面图形的画法；掌握绘图仪器及工具的正确使用方法，培养绘图技能。

3. 要求：作图正确，线型粗细分明，细虚线、细点画线长短基本一致， 连接光滑，字体端正，图面整洁。

二、图名、图幅、比例

1. 图名：仪器绘图。

2. 图幅：A3图纸。

3. 比例：左图比例为2:1，右图比例为1:1。

三、作图步骤

1. 将图纸用透明胶带固定在图板下方偏左位置，如图1所示。图纸下边所留距离应稍大于丁字尺的宽度，图纸左边所留距离100 mm左右。在图纸上画出标准图幅、图框、标题栏。标题栏格式及尺寸见配套教材中的图1-4。

2. 布置图纸。一张图纸上有多个图形时，应使几个图形均匀地分布，即应使左右方向以及上下方向的图间距大致相等。如图2所示，两个图形在长度方向上所留的三个间距均为X，同时需考虑留出标注尺寸的位置。高度方向按同样的方法进行安排。布置图样时应画出图形的作图基线（对称中心线、主要的轴线和轮廓线）来确定图形的位置。

3. 用细线完成底稿（用H或2H型铅笔）。即线型按各自要求画，线宽一律按细线的线宽画出。

4. 仔细检查底稿后加深。加深步骤可参考教材第1.5节。加深粗实线用B或2B型铅笔，加深细虚线、细实线、细点画线可用H或HB型铅笔，圆规加深粗实线圆和圆弧用2B型铅芯。

5. 标注尺寸，填写标题栏（用HB型铅笔）。注意字体及其高度都要符合标准，如尺寸数字为3.5号，标题栏中图名为7号，其余为5号字。

四、注意事项

1. 做好画图前的准备工作。

2. 保持图面整洁，绘图工具、仪器均应擦干净。

3. 全图用铅笔完成。

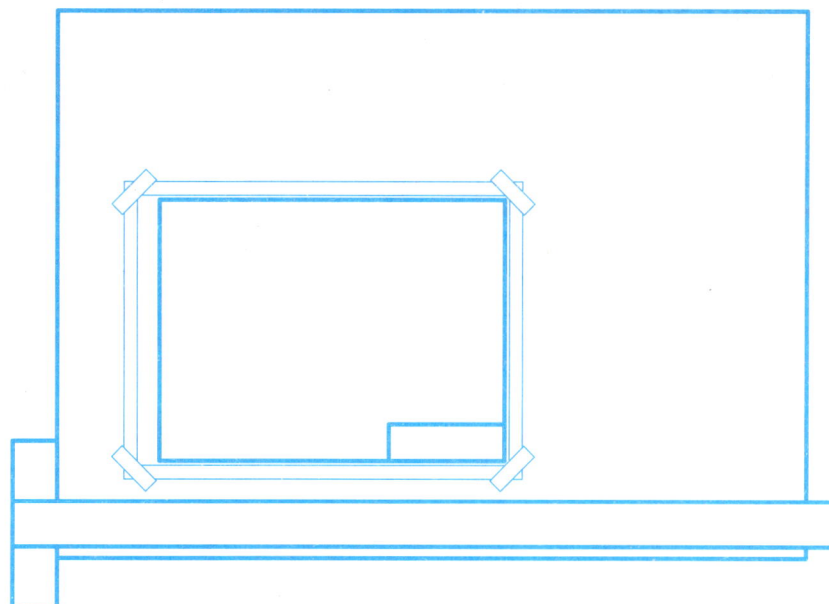

图 1

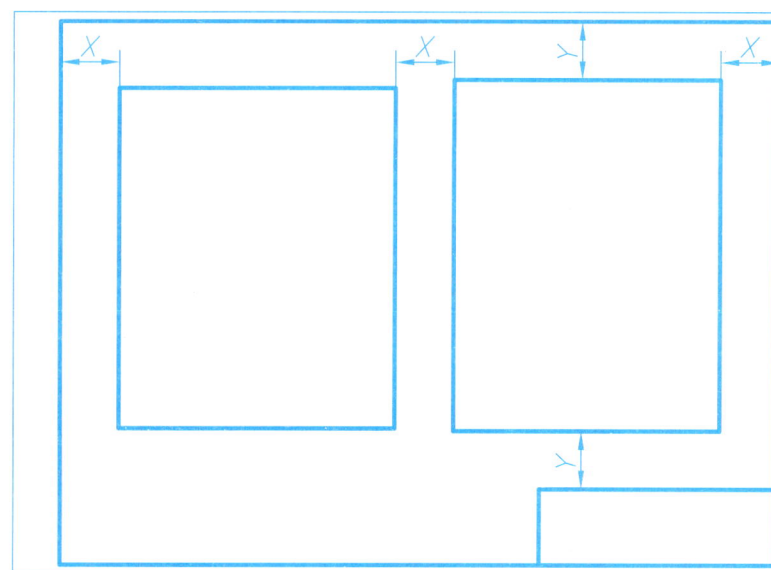

图 2

| 专业班级 | | 姓名 | | 学号 | | 6 |

第2章 点、直线、平面的投影

①　②　③　④　⑤　⑥　⑦　⑧

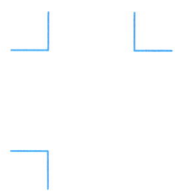
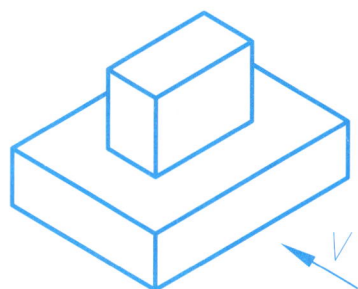

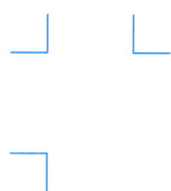
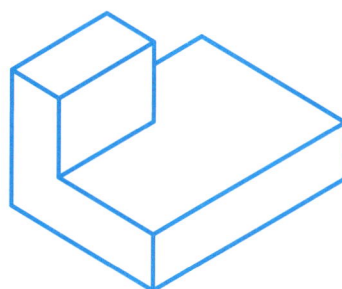

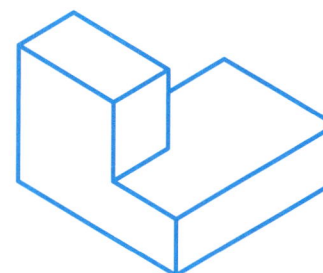

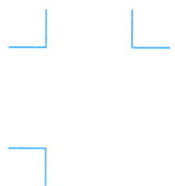
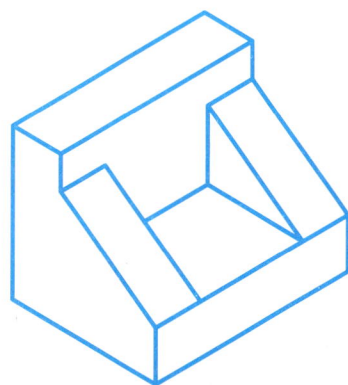

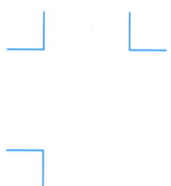
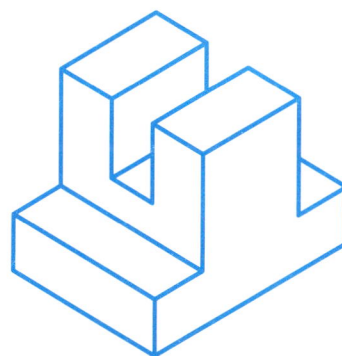

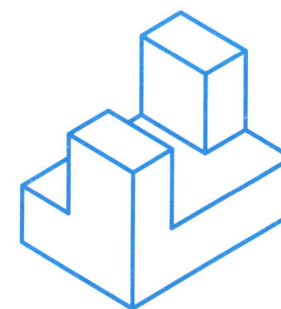

| 专业班级 | | 姓名 | | 学号 | | 8 |

2-3 点的投影

1. 按照轴测图，作出点 A、B、C、D 的三面投影。

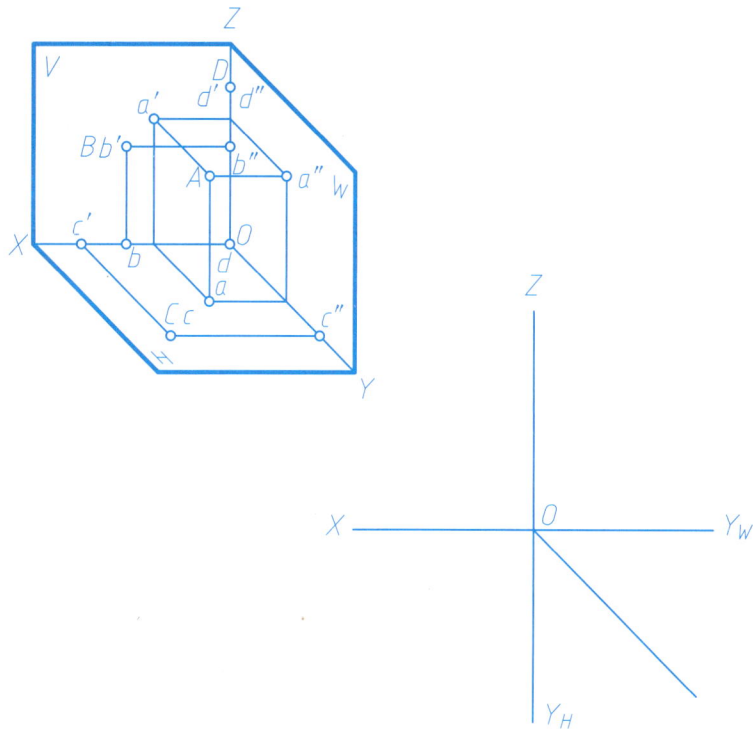

2. 作出点 A（5，20，15）、B（13，5，20）、C（20，0，10）的三面投影。

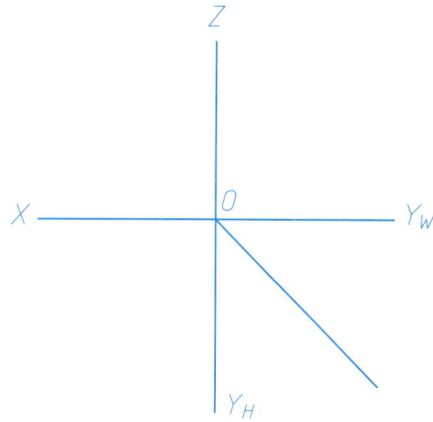

3. 已知各点的两面投影，求作它们的第三面投影。

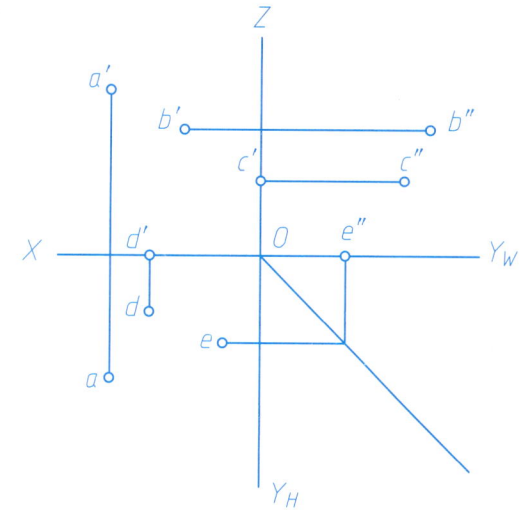

4. 根据两点的相对位置，作出点 B、C 的三面投影。（1）点 B 在点 A 之左 10 mm，之前 6 mm，之上 8 mm；（2）点 C 在点 A 之下 12 mm，与 V、W 面相距 7 mm。

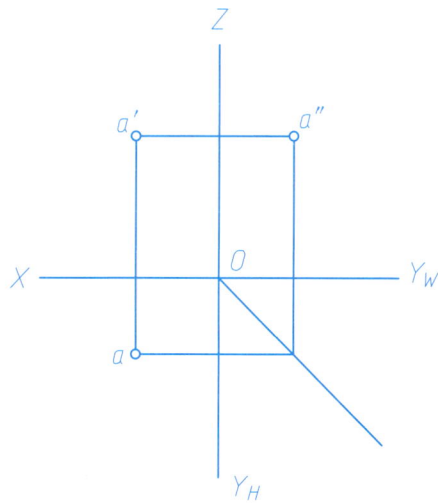

5. 求出各点的第三面投影，连接各点的同面投影，并回答问题。

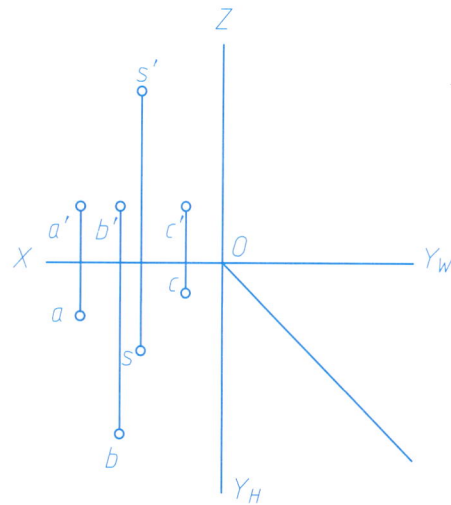

点 B 在点 A 之
（左、右）_____mm；
（上、下）_____mm；
（前、后）_____mm。

点 B 在点 S 之
（左、右）_____mm；
（上、下）_____mm；
（前、后）_____mm。

该投影图表示了一个
_____（立体）。

6. 判别各重影点的可见性。

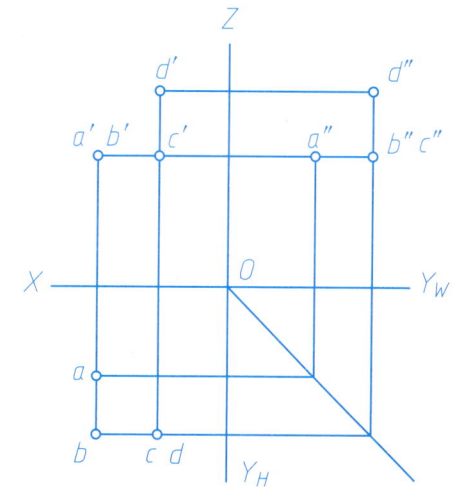

2-4 直线的投影

1. 判别下列直线相对投影面的位置，写出直线的名称。

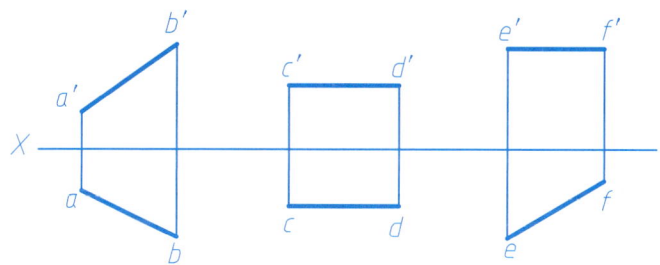

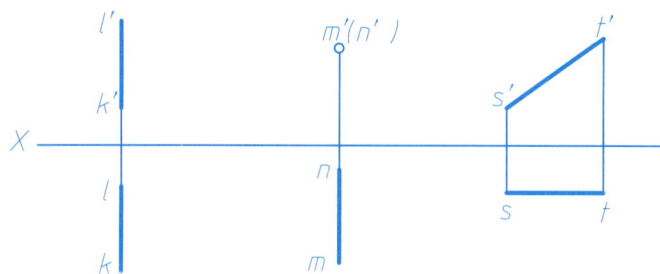

2. 根据三棱锥的两面投影，判别其轮廓线相对于投影面的位置。

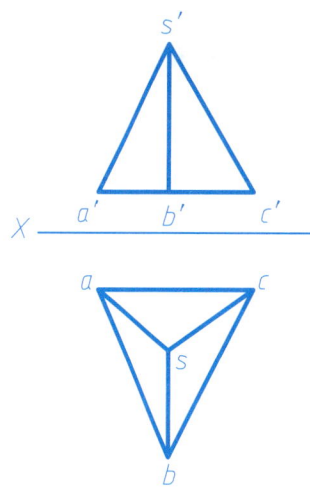

SA: ＿＿＿＿＿线；

SB: ＿＿＿＿＿线；

SC: ＿＿＿＿＿线；

AB: ＿＿＿＿＿线；

BC: ＿＿＿＿＿线；

CA: ＿＿＿＿＿线。

3. 求直线AB的实长及其对H面的倾角 α、对V面的倾角 β。

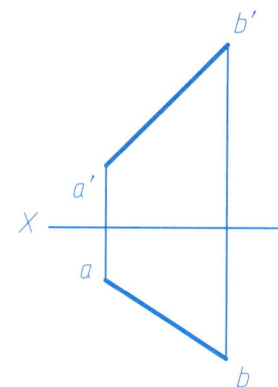

4. 补全各直线的两面投影。

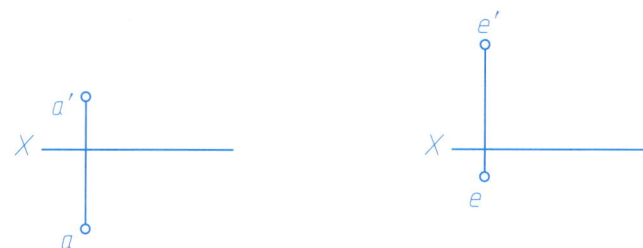

（AB为正平线，AB=15 mm，α=45°）（EF为水平线，EF=20 mm，β=30°）

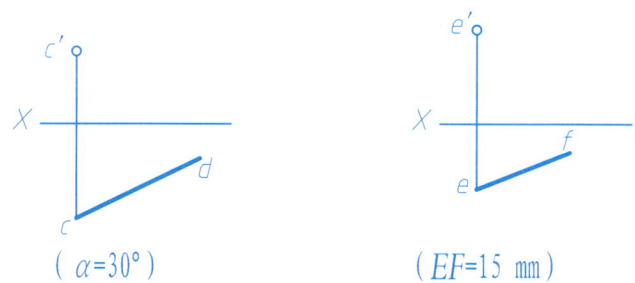

（α=30°）　　　　（EF=15 mm）

5. 已知直线的两面投影，求其上各点的两面投影。

（1）求作侧平线AB上点K的正面投影。

（2）求作CD上的点M和点N，点M分直线CD为CM：MD=2：3；点N距H面10 mm。

（3）求作EF上的点S，ES=20 mm。

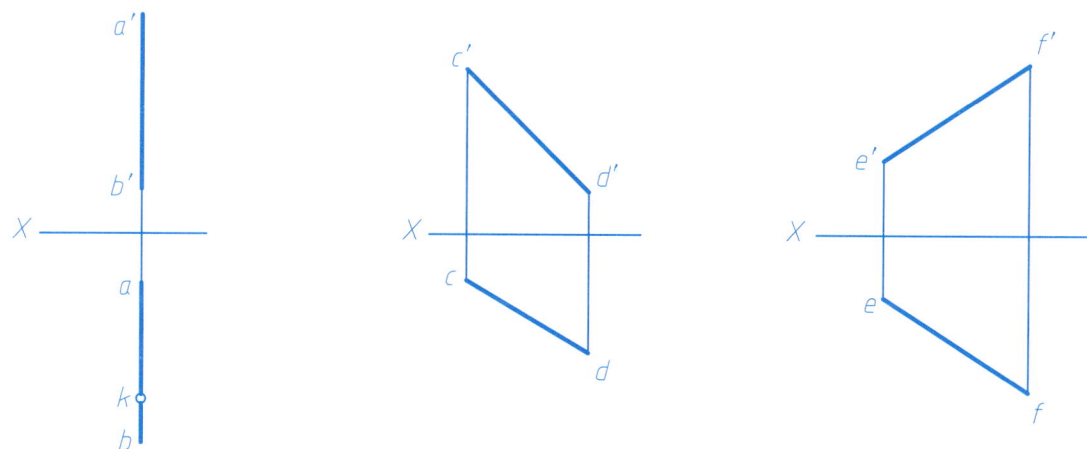

6. 标注两交叉直线的重影点，并判别可见性。

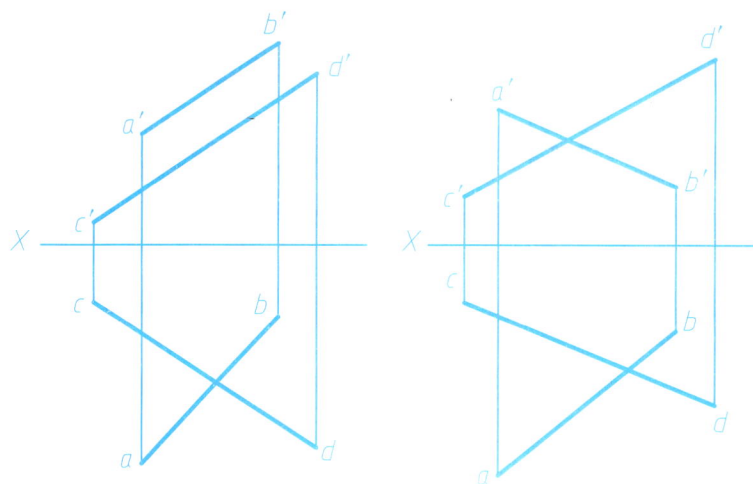

7. 判别两直线的相对位置（平行、相交、交叉、垂直相交、垂直交叉）。

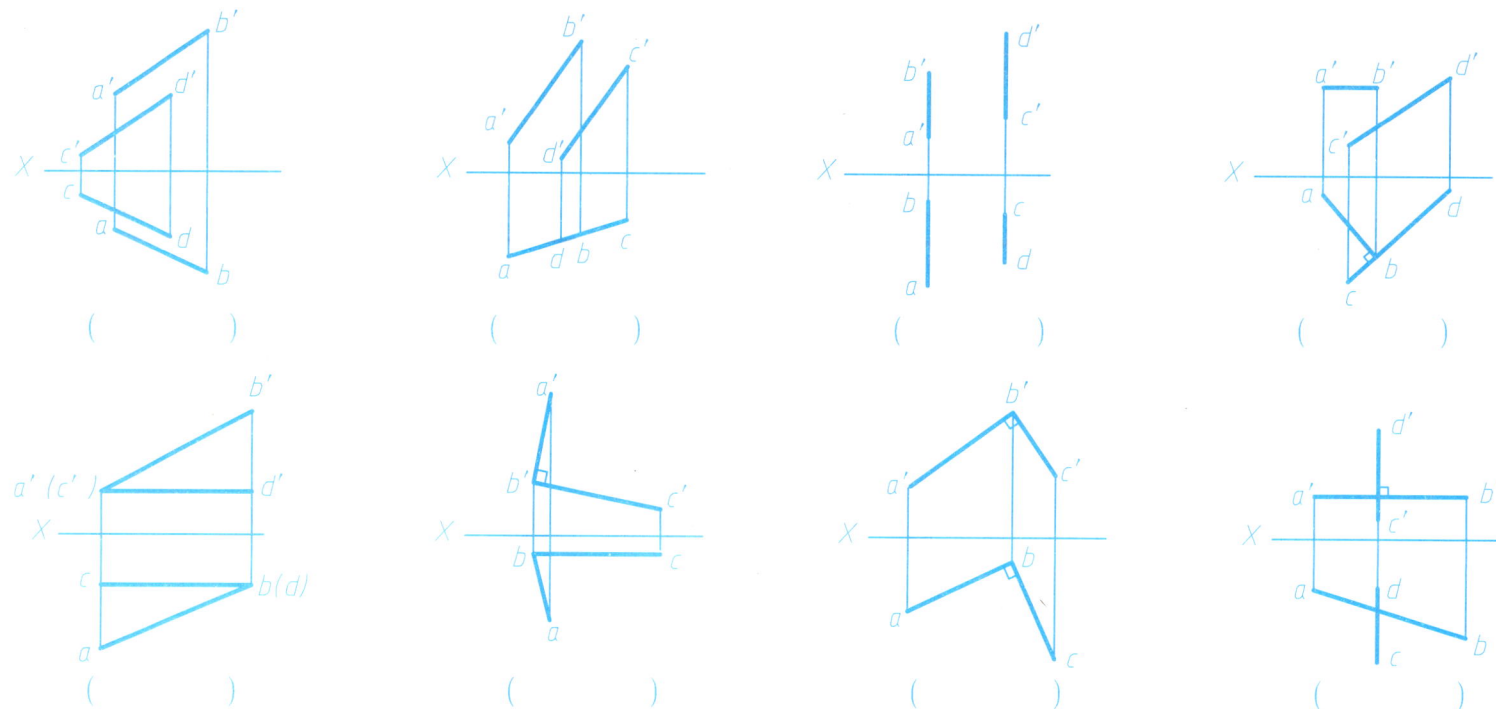

（　　）　　（　　）　　（　　）　　（　　）

（　　）　　（　　）　　（　　）　　（　　）

8. 作直线MN，与AB、CD相交，与EF平行。

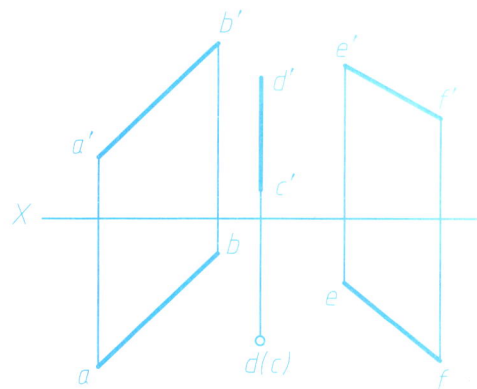

9. 求距离。
   （1）求点K到直线MN的距离。
   （2）求直线AB与CD的距离。

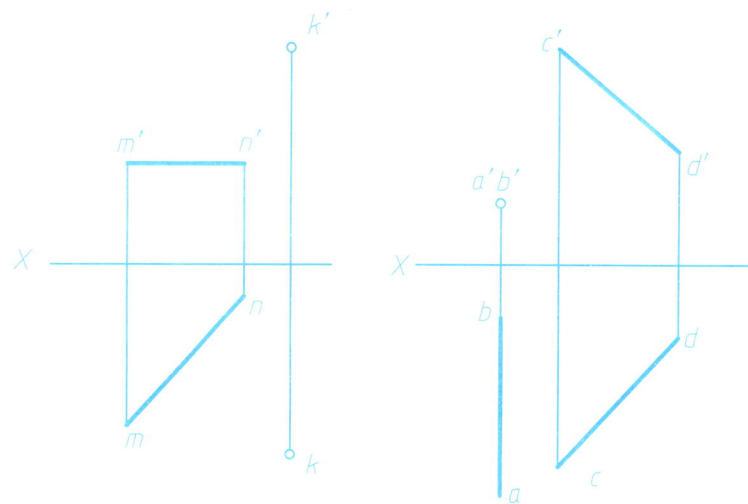

10. 完成正方形ABCD的两面投影。

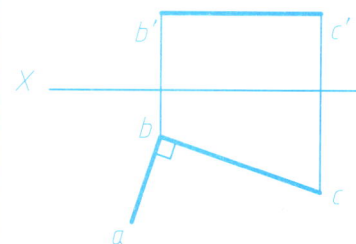

11. 已知等边三角形ABC的顶点A的两面投影，且顶点B和C属于直线EF，完成△ABC的两面投影。

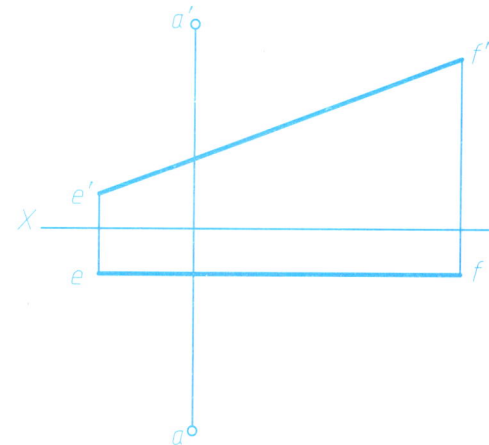

2-5 平面的投影

1. 判别下列平面相对投影面的位置，写出平面的名称。

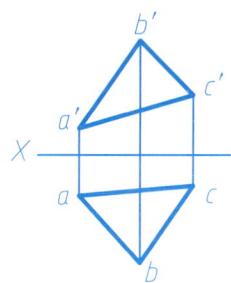

(   )

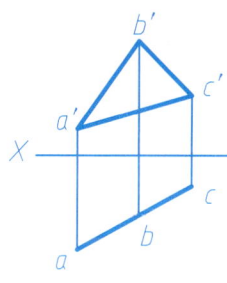

(   )

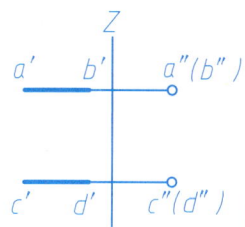

(   )

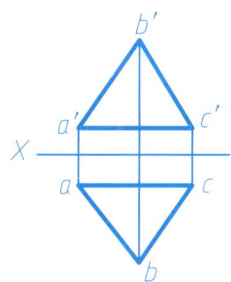

(   )

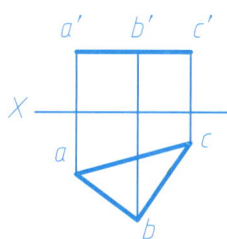

(   )

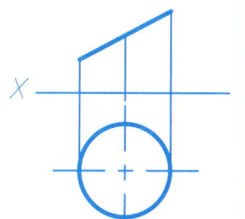

(   )

2. 用迹线表示法表示下列平面。
(1) 过直线AB的铅垂面P。
(2) 过点C的水平面Q。
(3) 过直线DE的正平面R。

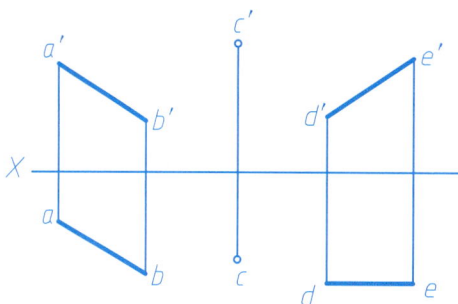

3. 已知CD为水平线，完成平面ABCD的正面投影。

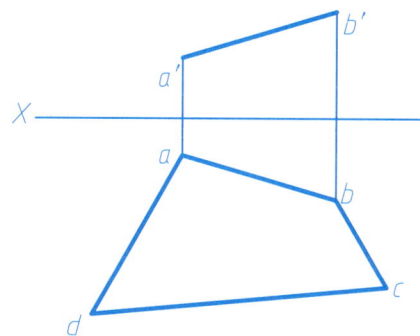

4. 已知点E在△ABC上，且点E距H面18 mm，距V面15 mm，求作点E的两面投影。

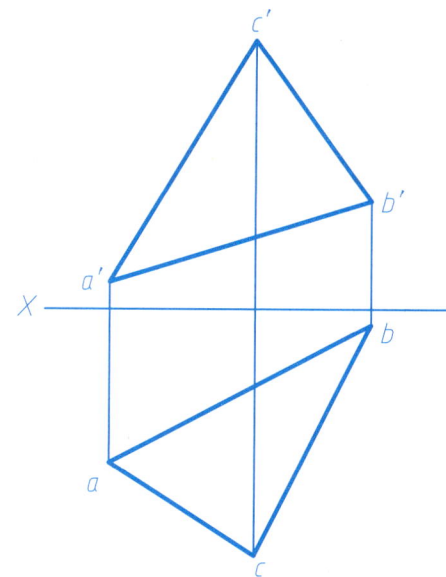

5. 求作平面ABCD上字母K的正面投影。

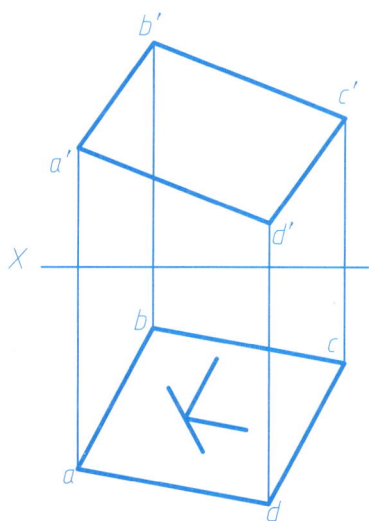

6. 补全五边形ABCDE的两面投影。

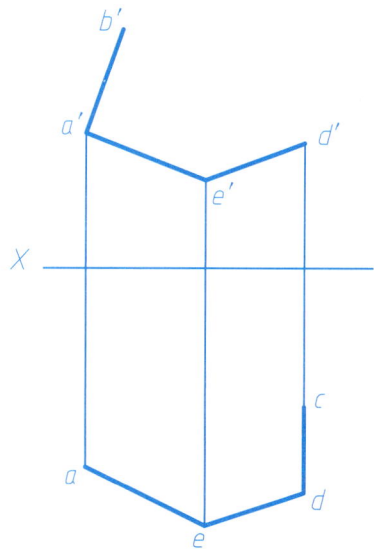

7. 采用标注法，作出平面多边形的水平投影，并求作该平面上点K的其余两面投影。

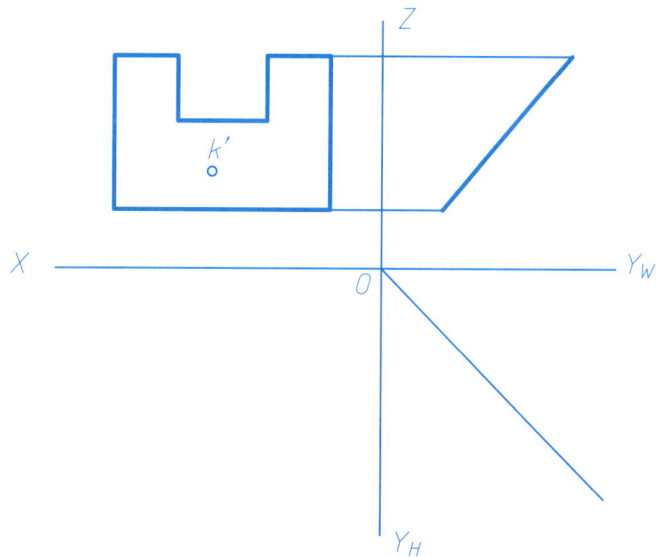

8. 采用标注法，作出平面多边形的水平投影。

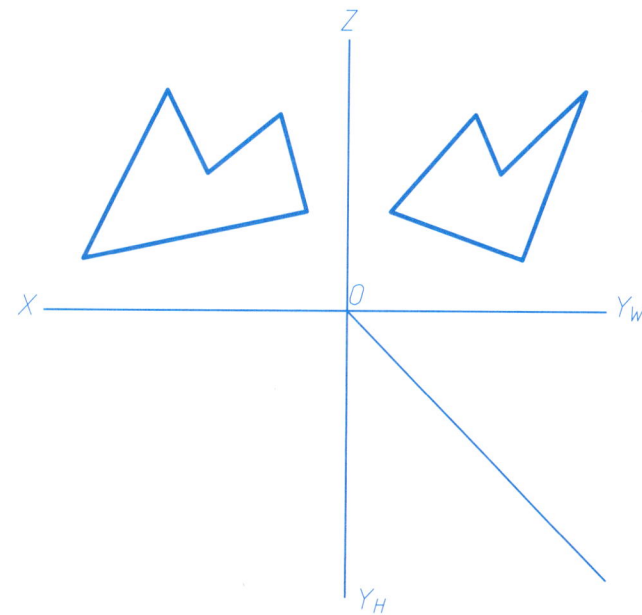

| 专业班级 | | 姓名 | | 学号 | | 12 |

1.已知△ABC和点M、N的两面投影，完成以下作图。

　(1) 过点M作正平线MK，使MK∥△ABC。

　(2) 过点N作一平面∥△ABC。

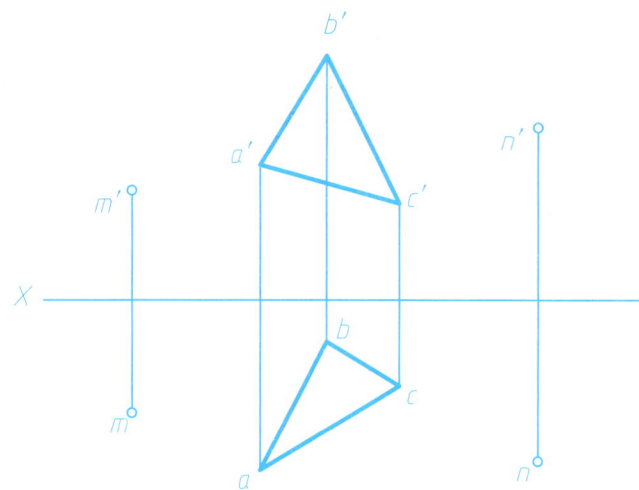

2.判别△ABC与▱DEFG是否平行。

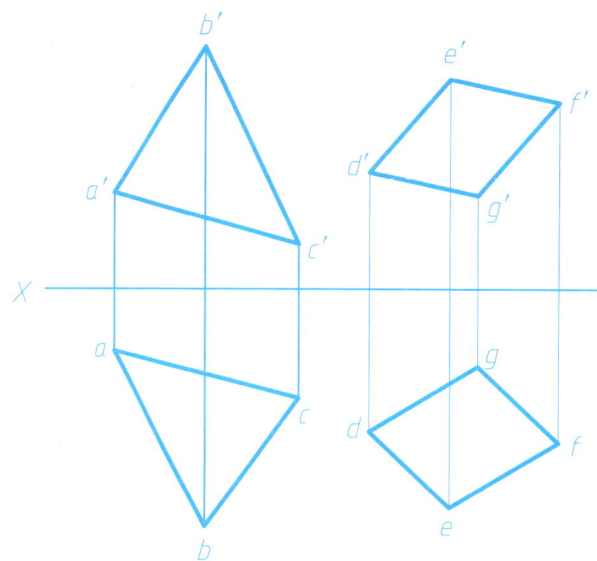

两平面（平行、不平行）

3.求作直线MN与△ABC的交点，并判别投影重合处的可见性。

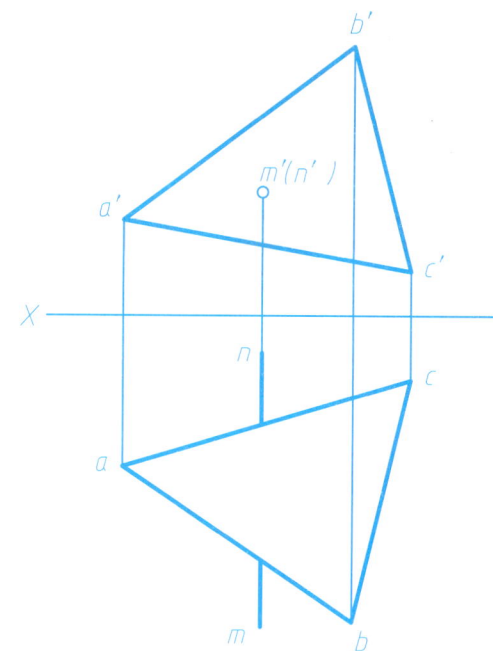

4.求作直线AB与△DEF的交点，并判别投影重合处的可见性。

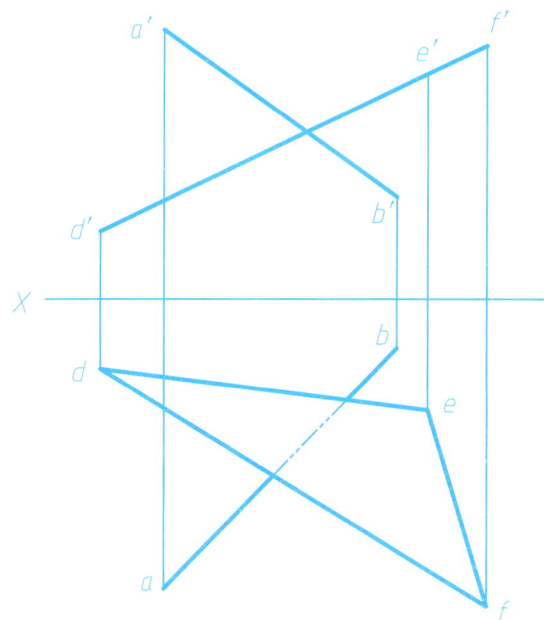

5.求作△ABC与四边形DEFG的交线，并判别投影重合处的可见性。

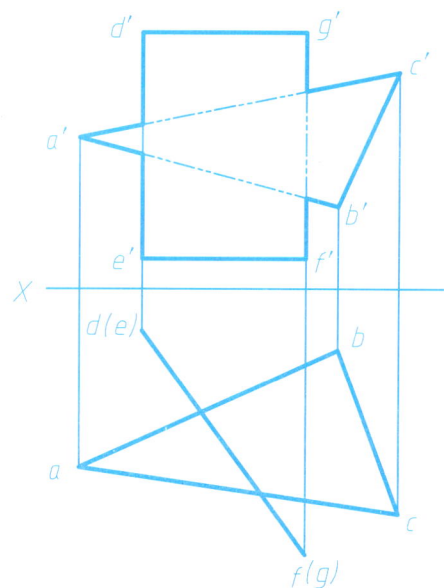

6.求作两平面的交线，并判别投影重合处的可见性。

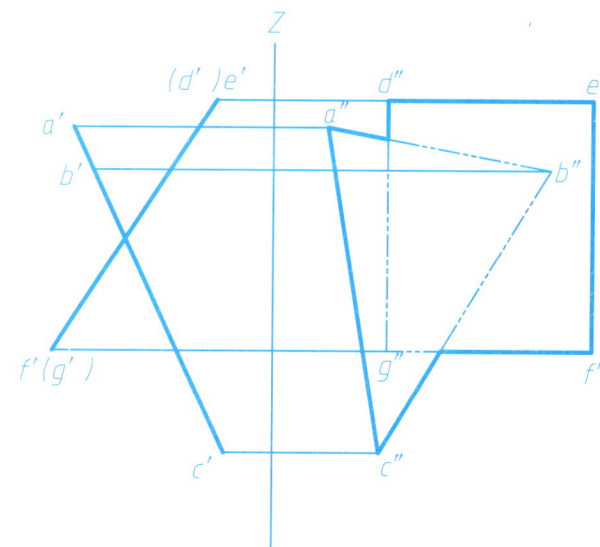

| 专业班级 | | 姓名 | | 学号 | | 13 |

7. 求作直线AB与△DEF的交点，并判别投影重合处的可见性。

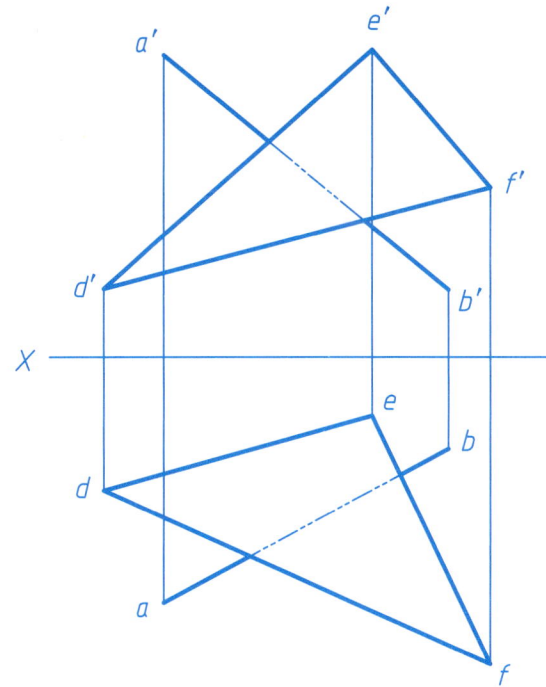

8. 求作△ABC与△DEF的交线，并判别投影重合处的可见性。

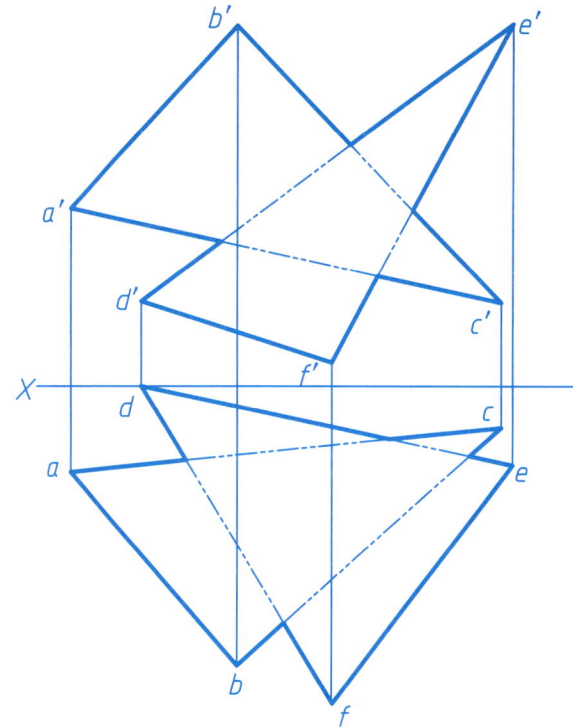

9. 求点A到△CDE的距离。

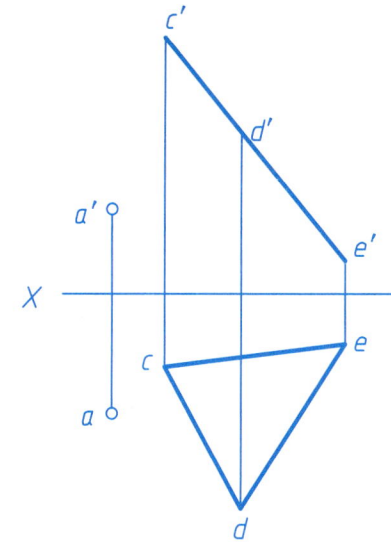

10. 求点M到△ABC的距离。

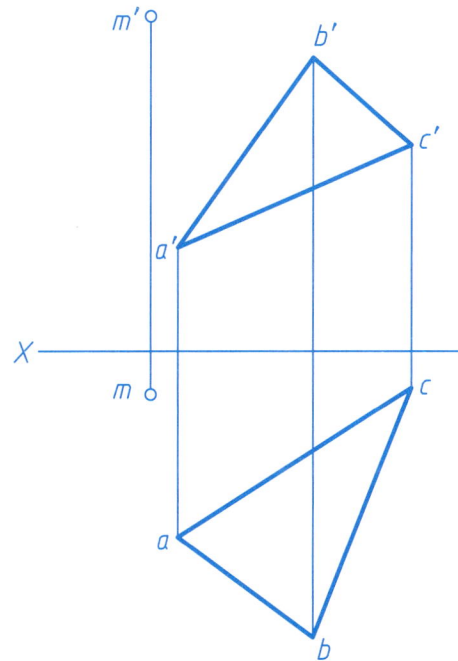

11. 过直线DE作一平面垂直于△ABC。

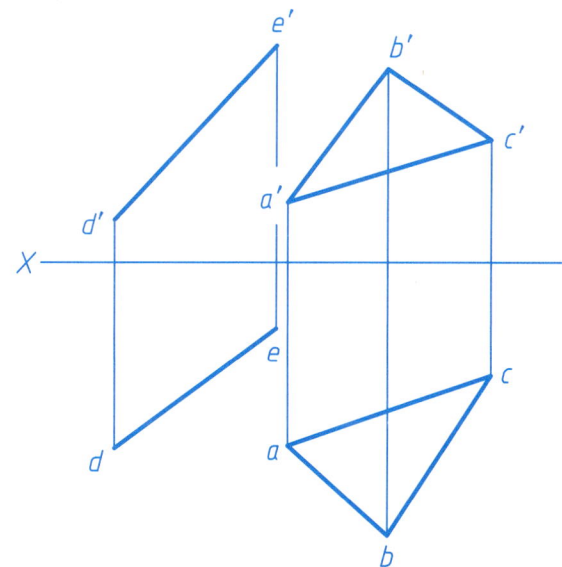

12. 已知△ABC垂直于△DEF，作出△abc。

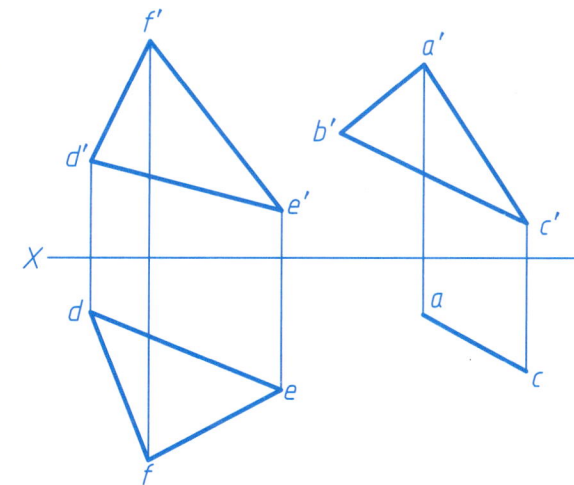

| 专业班级 | | 姓名 | | 学号 | | 14 |

13. 判别下图中的直线与平面或两平面之间的相对位置（平行、相交、垂直）。

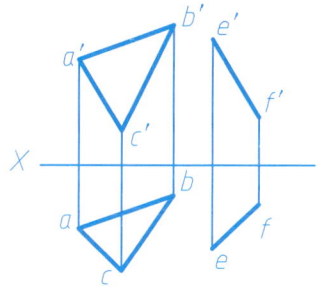
(   )

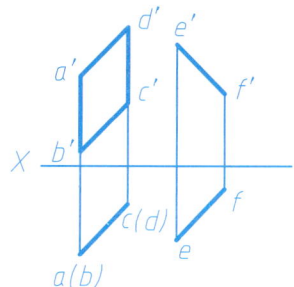
(   )

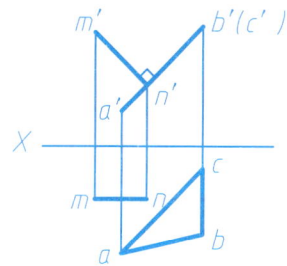
(   )

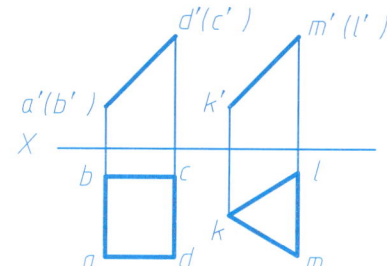
(   )

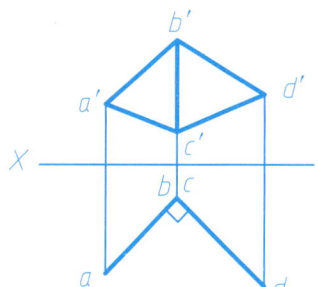
(   )

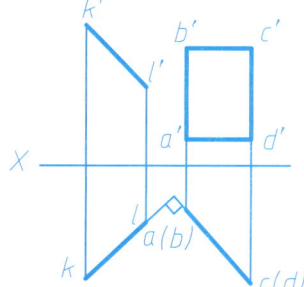
(   )

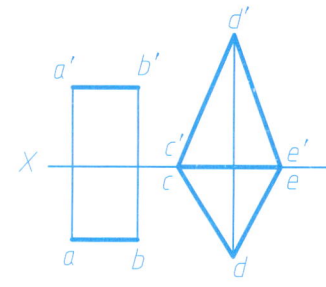
(   )

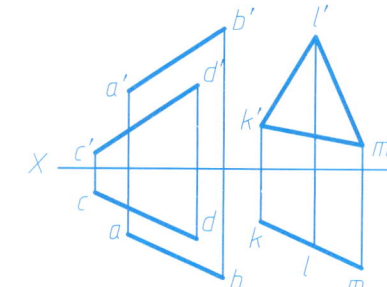
(   )

14. 过点K作一直线KL与平面ABC平行且与直线EF相交。

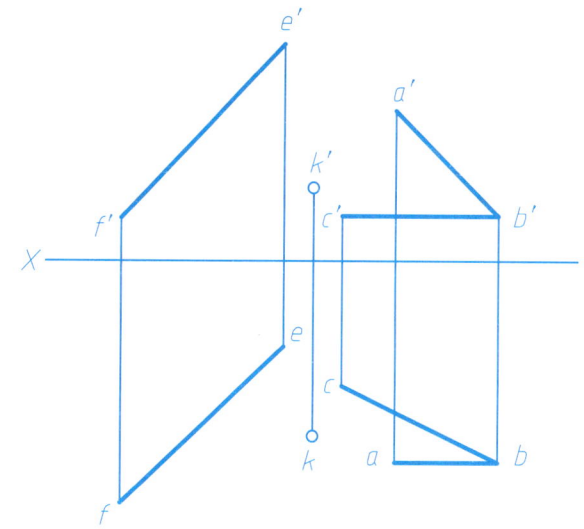

15. 过点M作正平线MN，与△ABC平行，点N距H面5 mm，并求作MN与△DEF交点K，判别投影重合处的可见性。

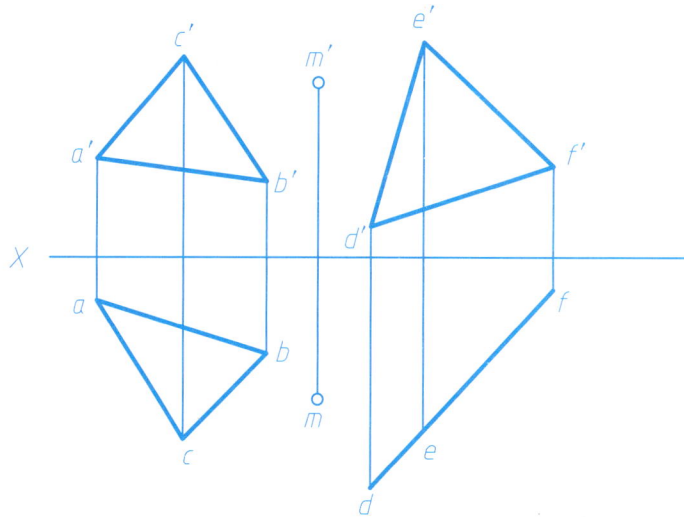

16. 在直线AB上取一点K，使点K与C、D两点等距。

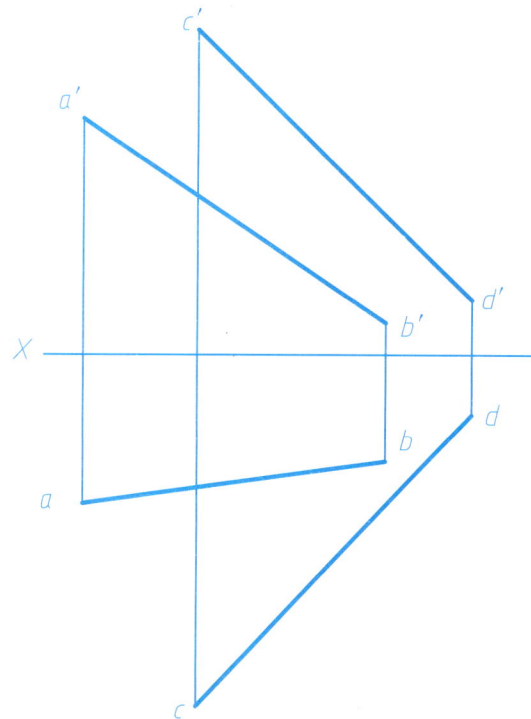

17. 已知三条直线CD、EF、KL，求作一直线MN平行直线CD，且与EF、KL两直线相交。

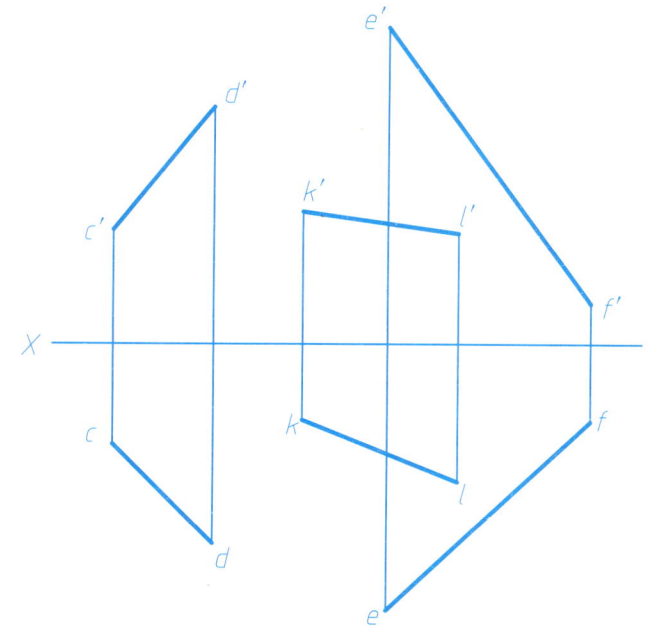

| 专业班级 | | 姓名 | | 学号 | | 15 |

2-7 换面法

1. 求直线AB的实长及对H面、V面的倾角α、β。

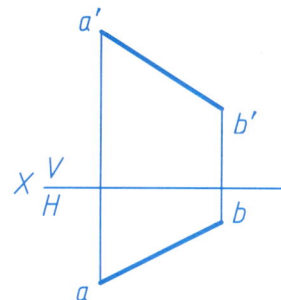

2. 已知线段MN长为50 mm，补全它的正面投影。

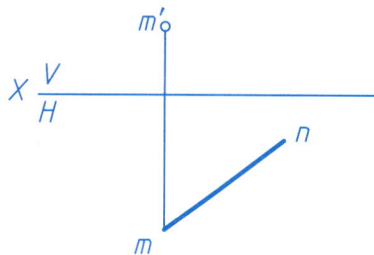

3. 已知直角三角形ABC的水平投影及直角边AB的正面投影，∠CAB=90°，完成其正面投影。

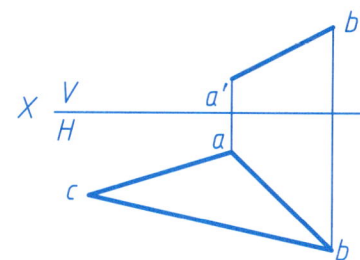

4. 求点M到直线CD的距离。

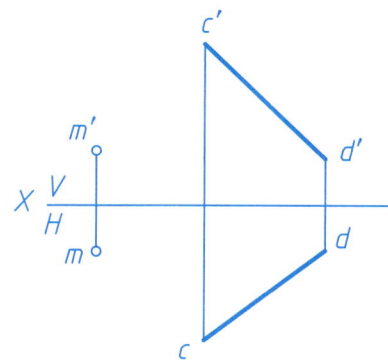

5. 求两交叉直线AB和CD的距离。

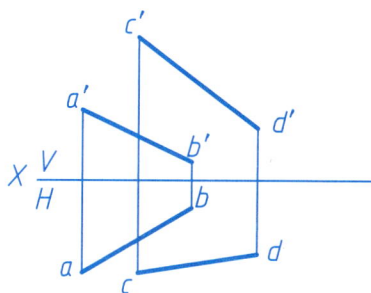

6. 求直线AB与△CDE的交点，并判别投影重合处的可见性。

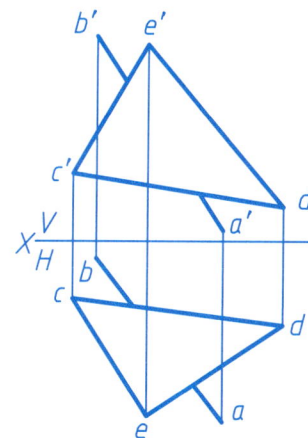

7. 求点M到平面ABCD的距离。

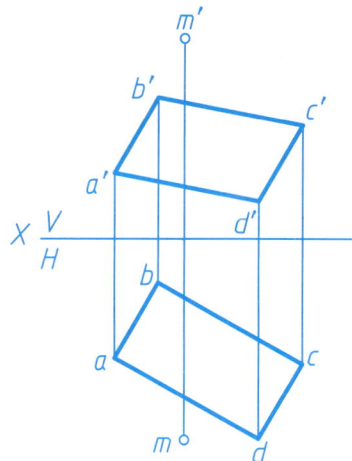

8. 求△ABC对V面的倾角β及实形。

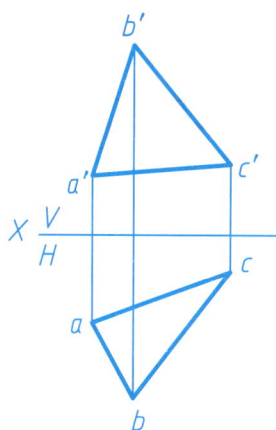

9. 已知等边△ABC为正垂面，点C在AB的前方，补全△ABC的两面投影。

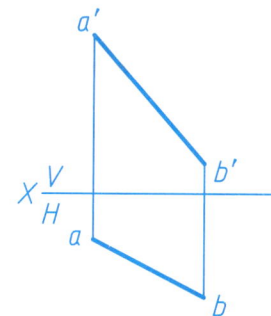

10. 求两平行平面△ABC与△DEF之间的距离。

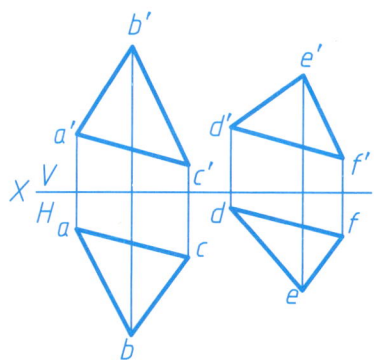

11. 求两相交平面ABCD与CDEF的夹角。

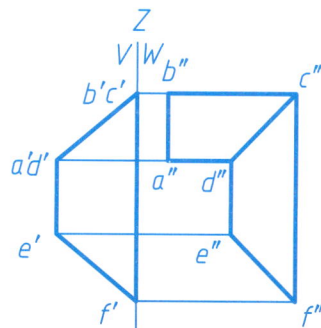

12. 已知正方形ABCD的顶点A在直线EF上，顶点C在直线BG上，用换面法补全正方形的投影。

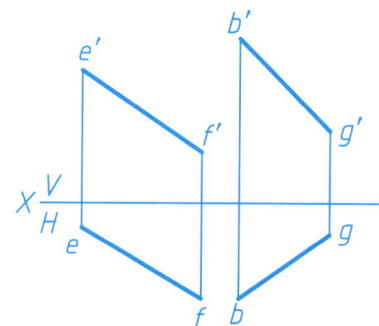

| 专业班级 | | 姓名 | | 学号 | | 17 |

第3章 立 体

3-1 立体投影及其表面上的点

1. 求作正五棱柱的水平投影，并补全其表面各点的其他两面投影。

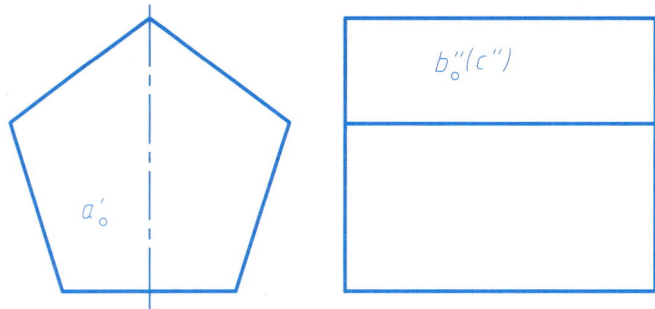

$b''(c'')$

a'

2. 求作三棱锥的侧面投影，并作出表面各点的正面投影和侧面投影。

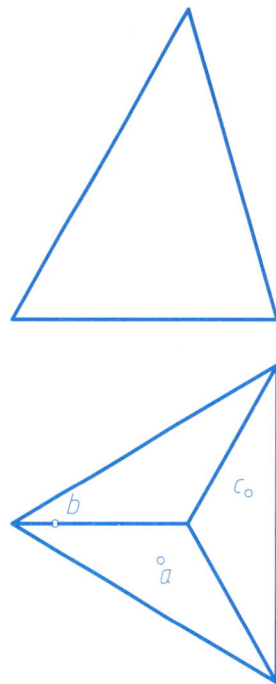

b c

a

3. 求作圆柱的正面投影，并补全圆柱表面各点的另外两面投影。

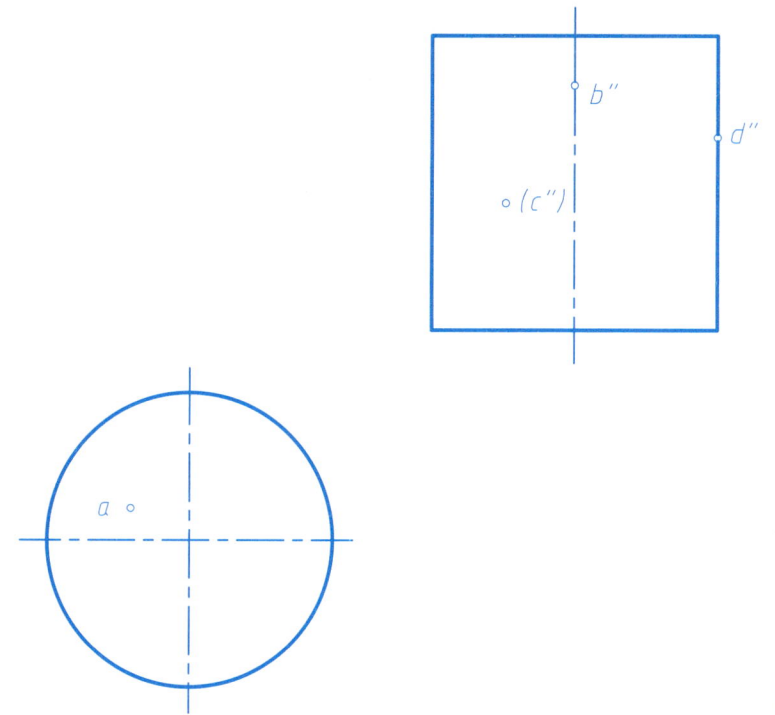

b''

d''

(c'')

a

4. 求作圆锥的侧面投影，并补全圆锥表面各点的另外两面投影。

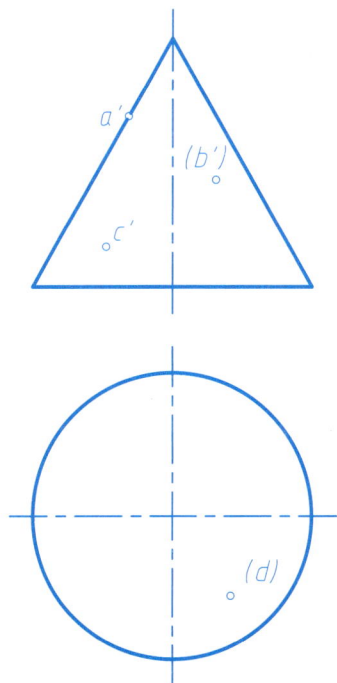

a'

(b')

c'

(d)

5. 求作圆球的水平投影和侧面投影，并补全表面各点的另外两面投影。

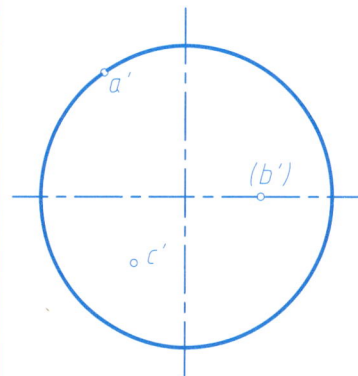

a'

(b')

c'

6. 求作圆环表面上各点的另外一面投影。

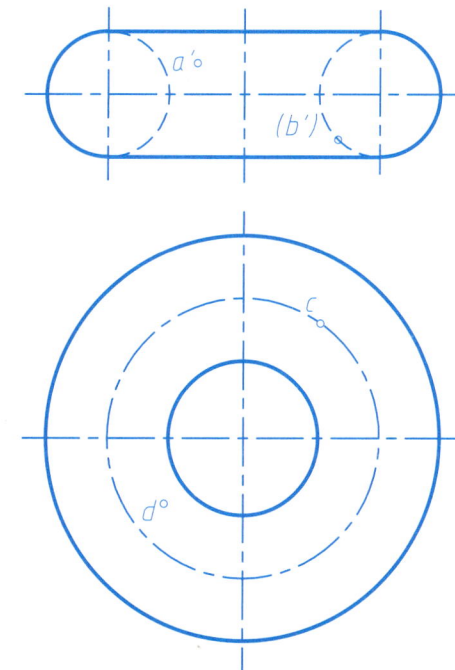

a

(b')

c

d

专业班级		姓名		学号		18

3-2 平面与平面立体相交

1. 画出正垂面P与三棱锥的截交线的两面投影。

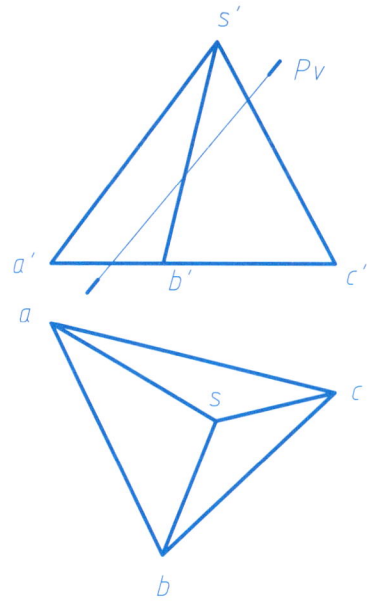

2. 求作六棱柱被正垂面截断后的侧面投影。

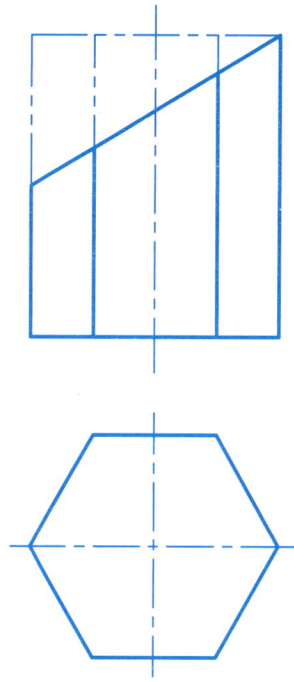

3. 画出图示物体的水平投影。

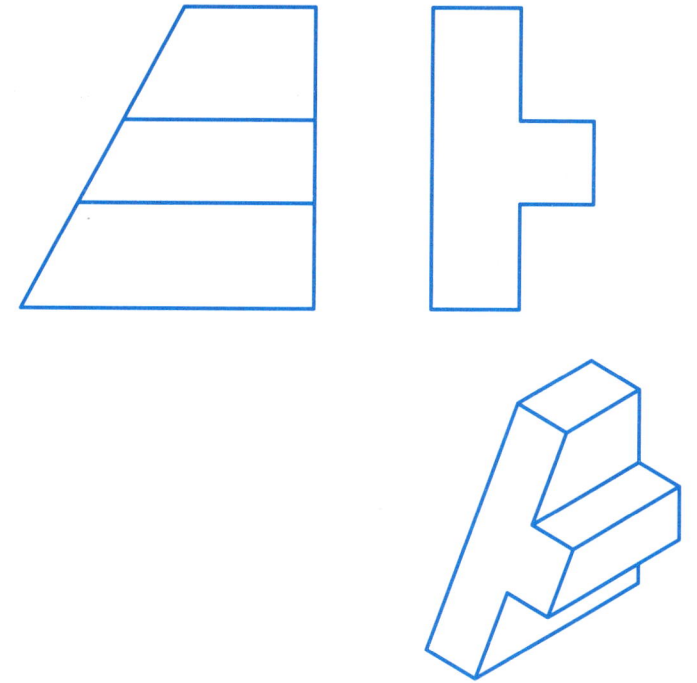

4. 画出图示物体的水平投影。

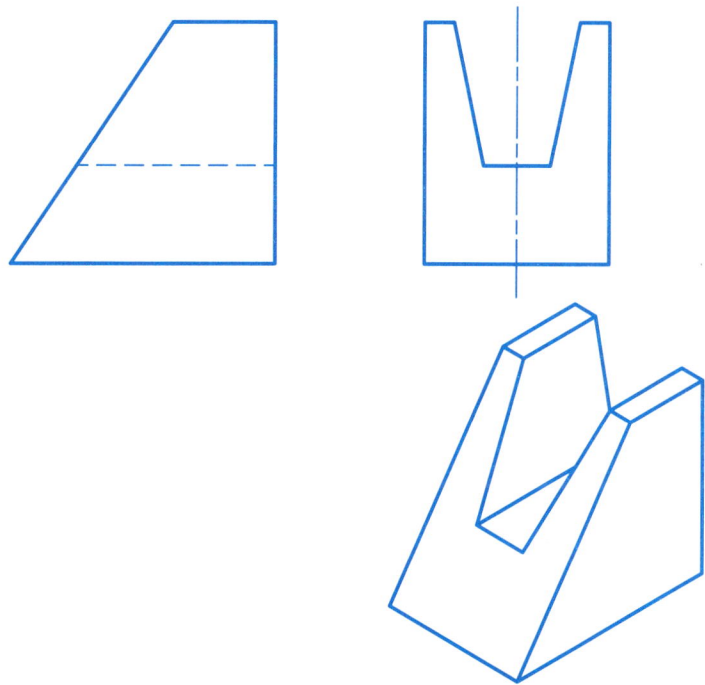

5. 补全三棱锥被切割后的水平投影，平画出其侧面投影。

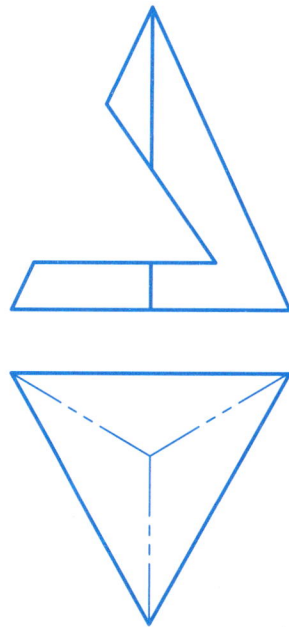

6. 补全有正方形通孔的四棱台被切割后的水平投影，并画出侧面投影。

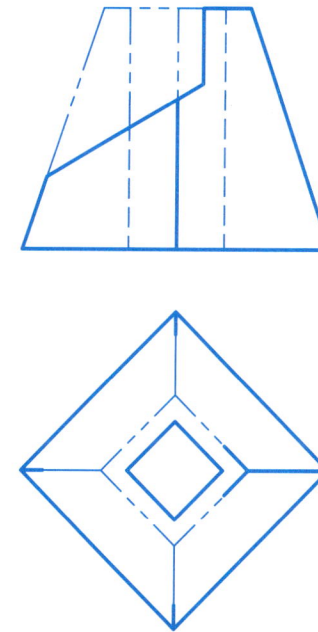

3-3 平面与回转体相交

1. 画出水平投影。

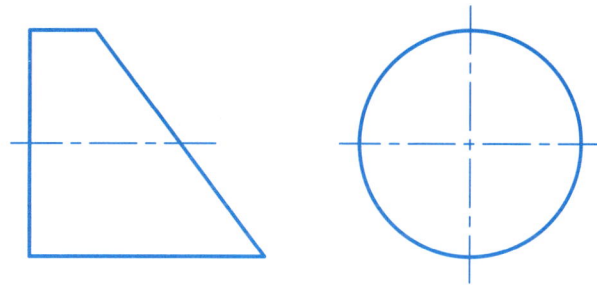

2. 画出侧面投影。

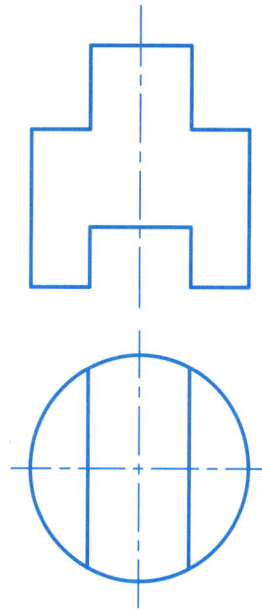

3. 补全水平投影和侧面投影。

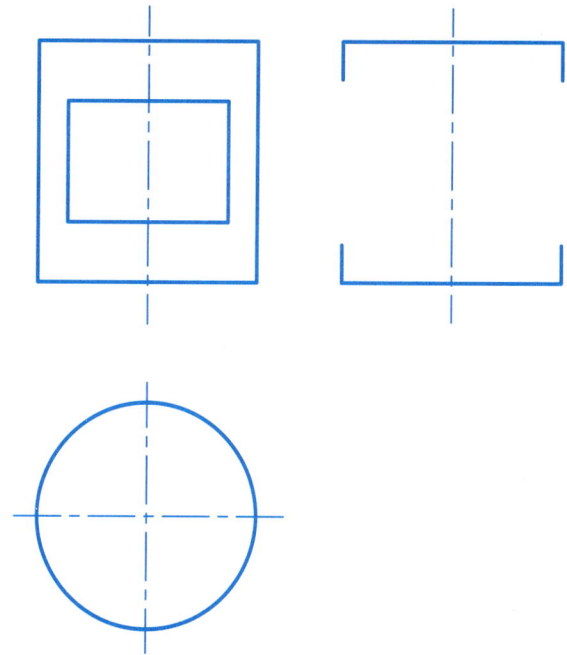

4. 画出正面投影。

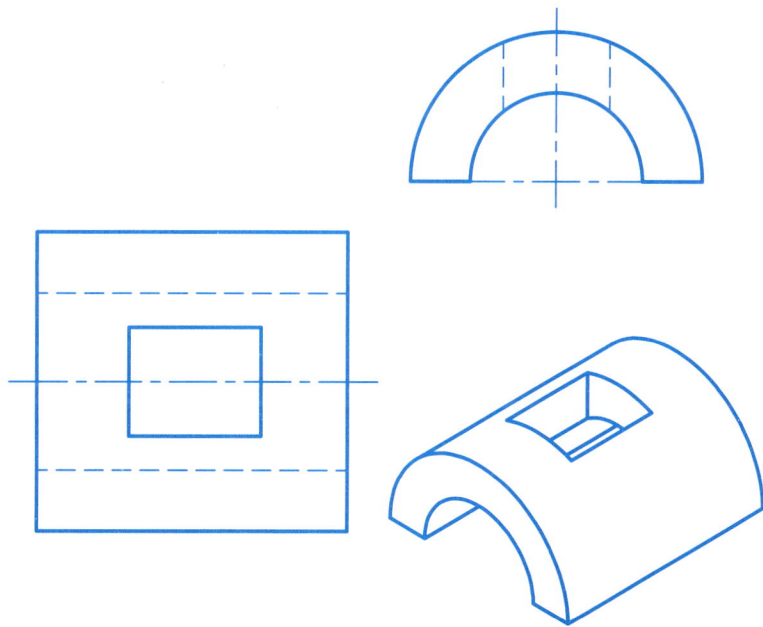

5. 补全水平投影。

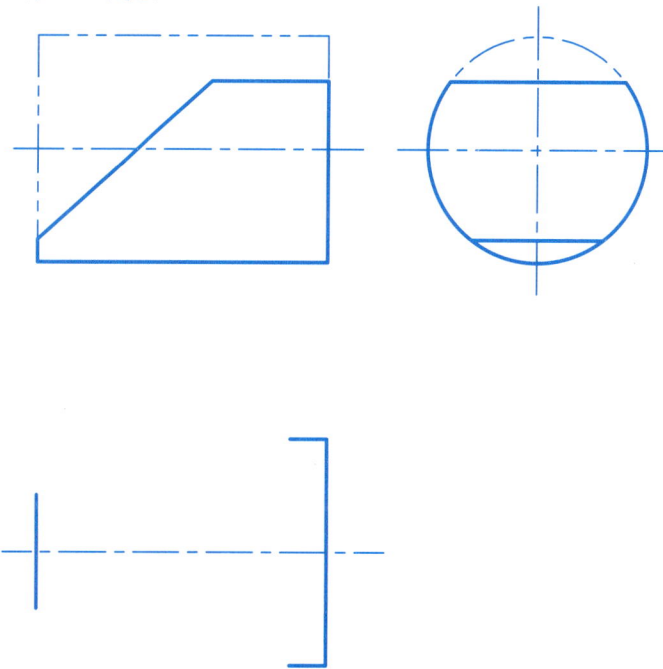

6. 画出水平投影。

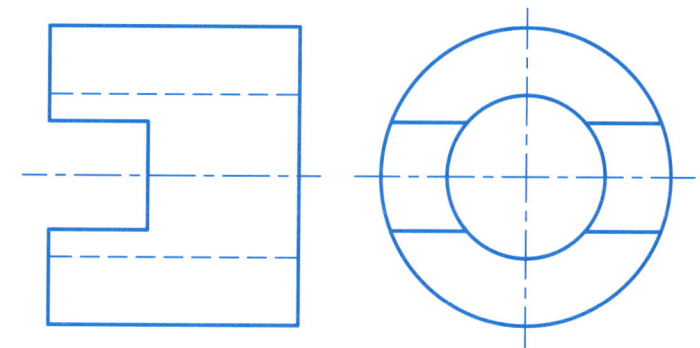

| 专业班级 | | 姓名 | | 学号 | | 20 |

7. 补全水平投影，并画出正面投影。

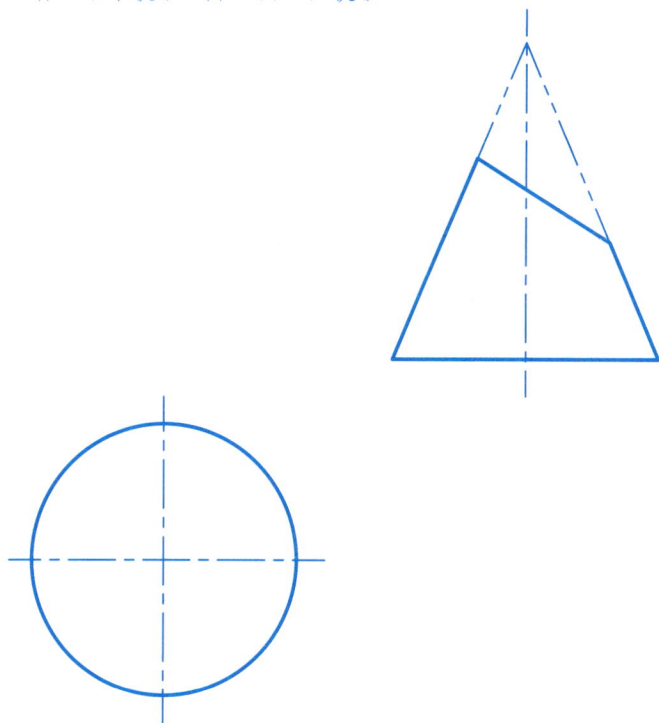

8. 补全水平投影，并画出侧面投影。

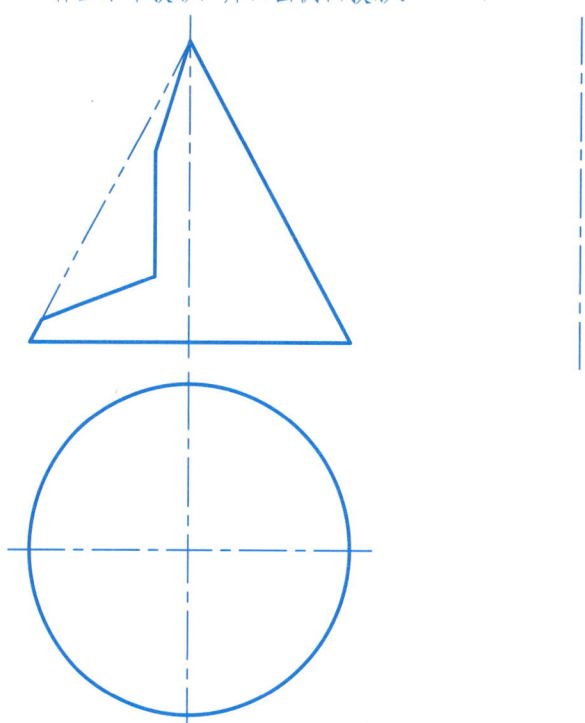

9. 画出圆球被切割后的水平和侧面投影。

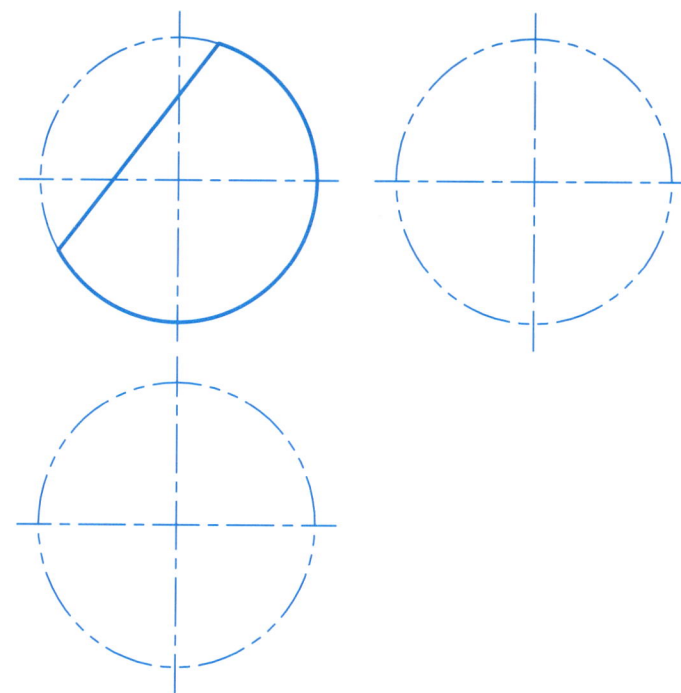

10. 画出带缺口的半圆球的水平投影和侧面投影。

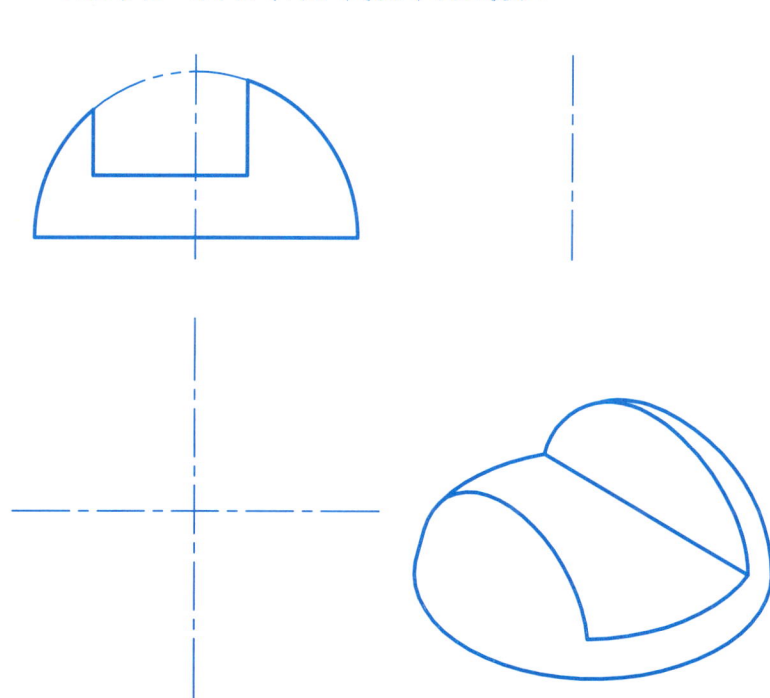

11. 补全水平投影。

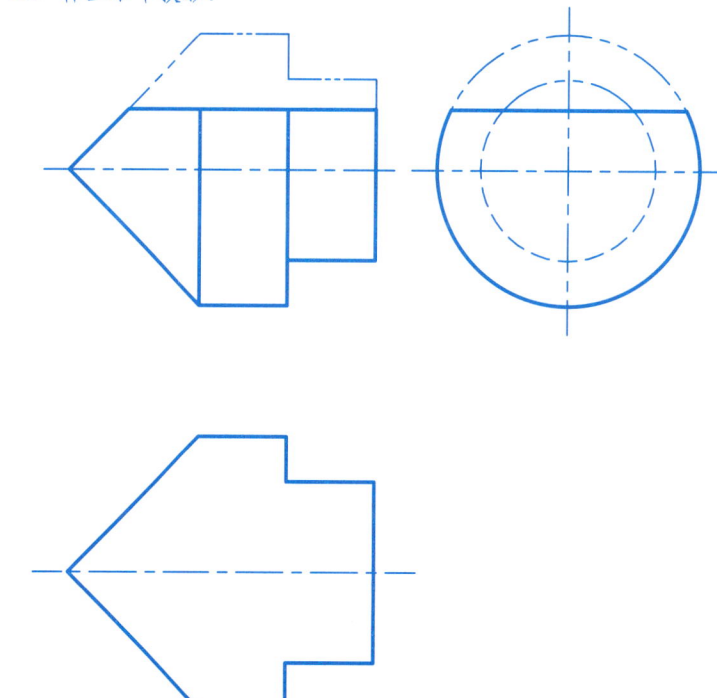

12. 补全回转体被截切后的正面投影。

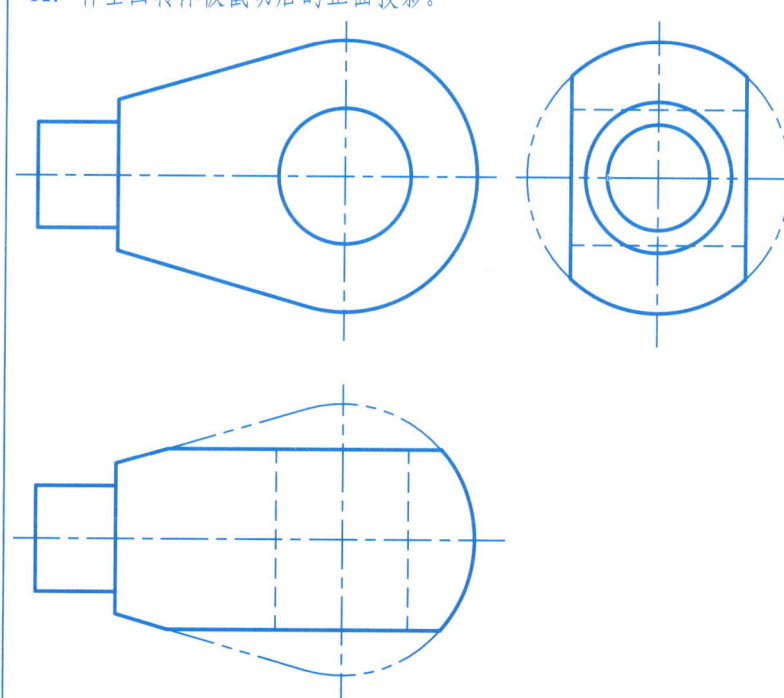

| 专业班级 | | 姓名 | | 学号 | | 21 |

3-4 立体与立体相交

1. 完成半球与四棱柱相交的正面投影和侧面投影。

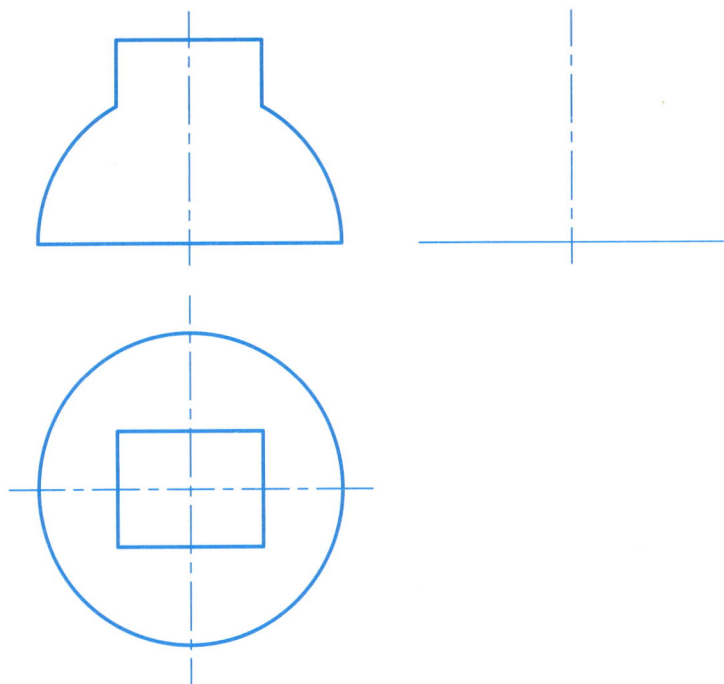

2. 补全正面投影。

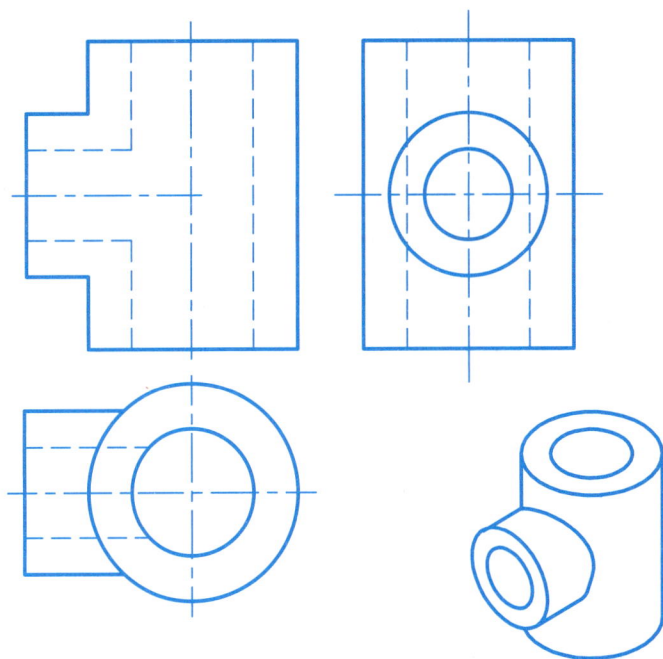

3. 补全正面投影。

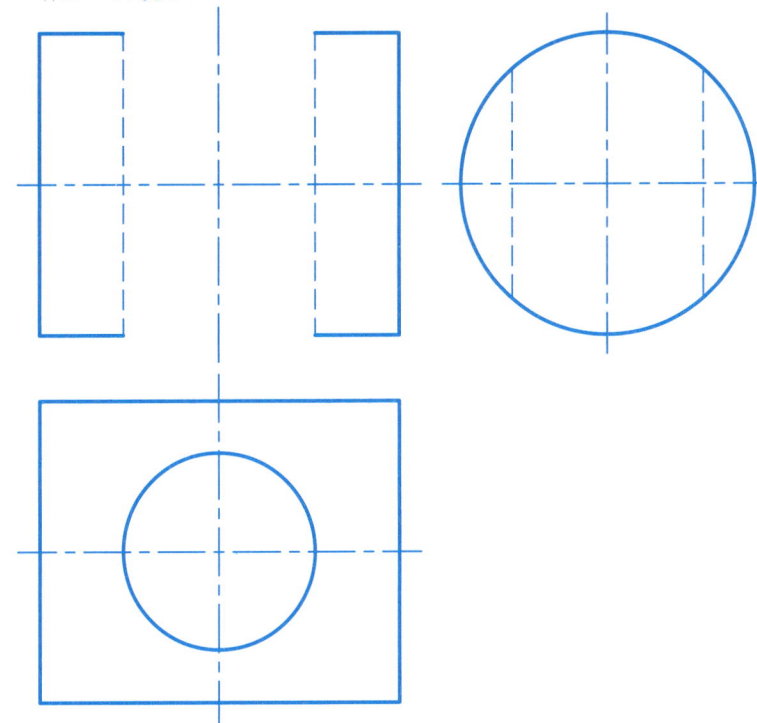

4. 补全侧面投影。

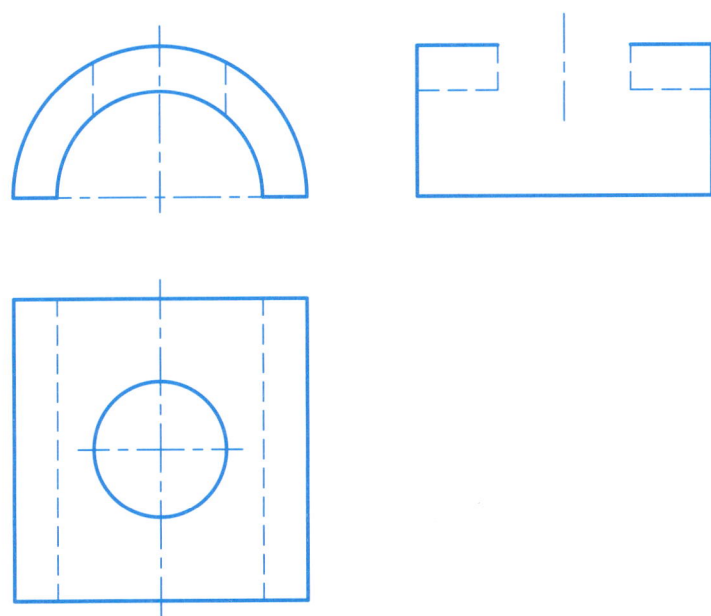

5. 补全圆锥台与圆柱相交的水平投影和侧面投影。

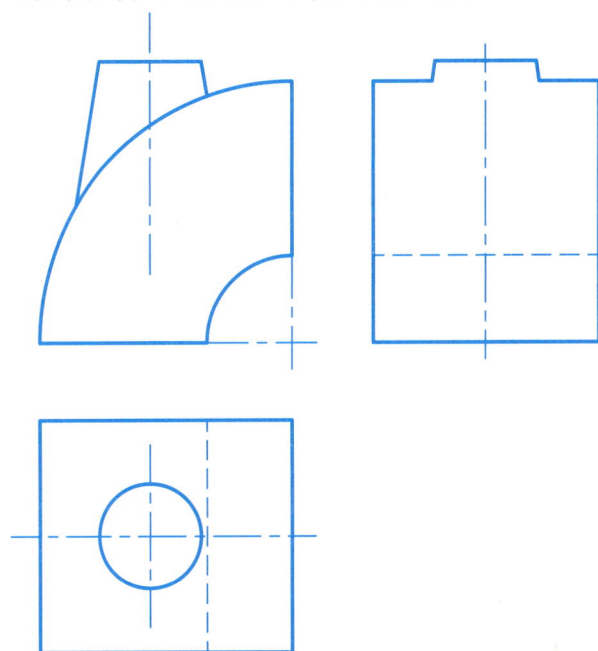

6. 补全正面投影。

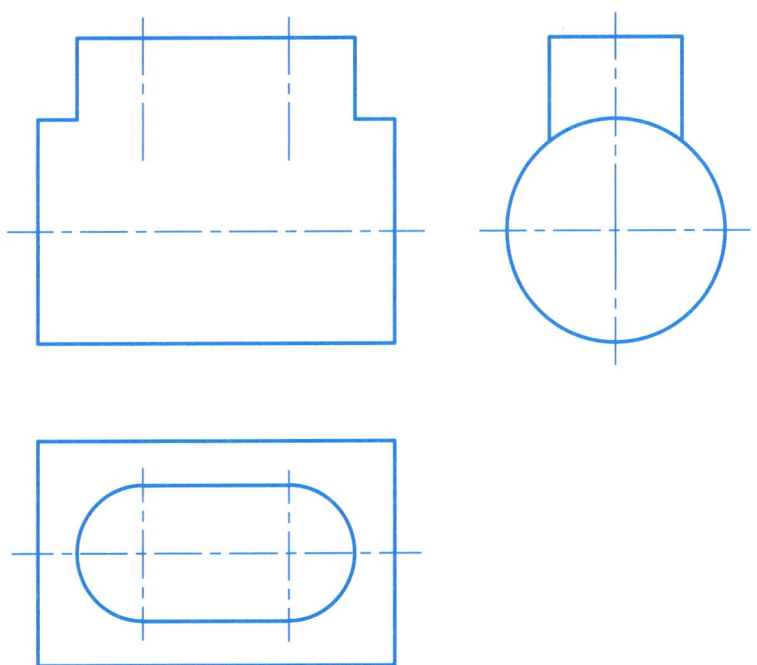

7. 补全圆柱与半球相交的正面投影和水平投影。

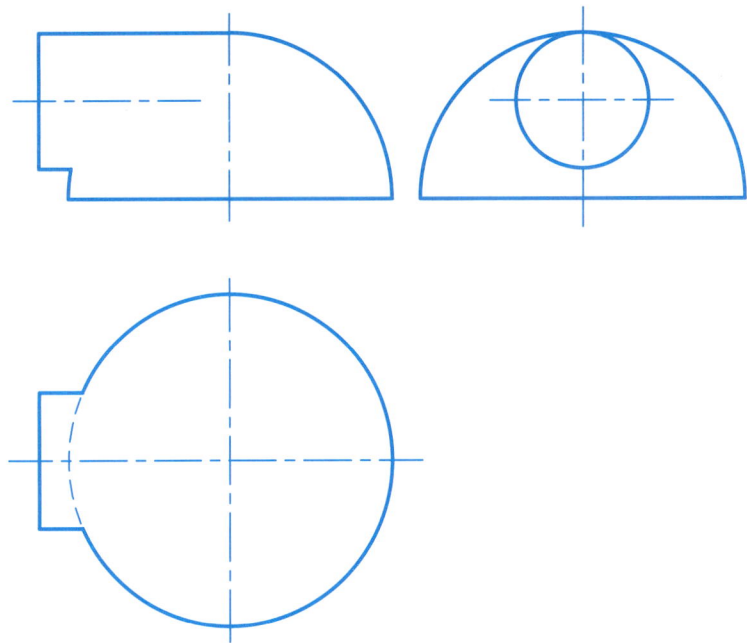

8. 补全圆锥与圆柱相交的正面投影和水平投影。

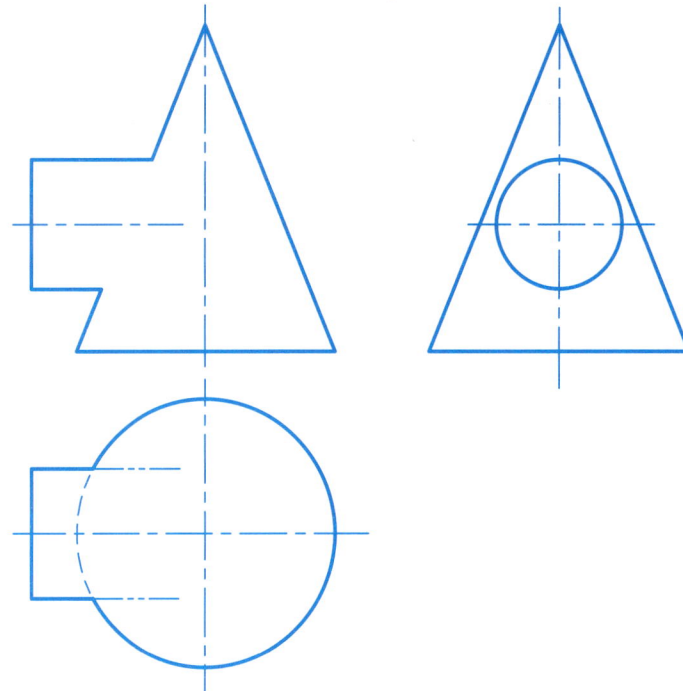

9. 完成半球与圆台相交的两面投影。

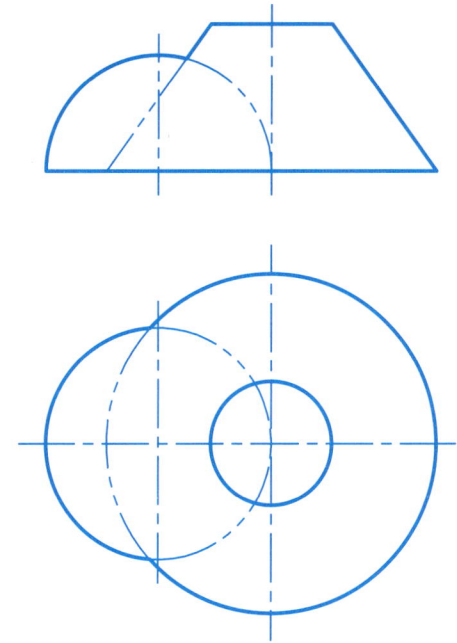

10. 补全正面投影。

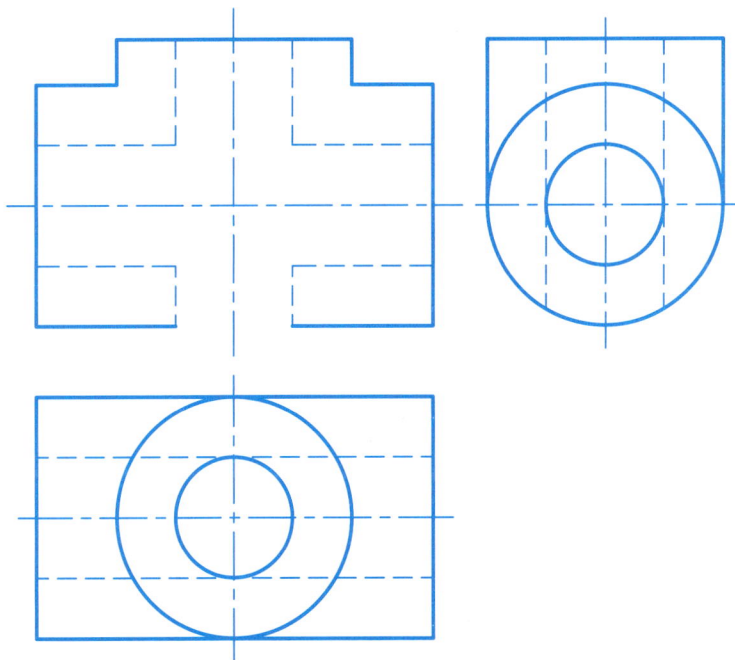

11. 补全三圆柱组合相交的三面投影。

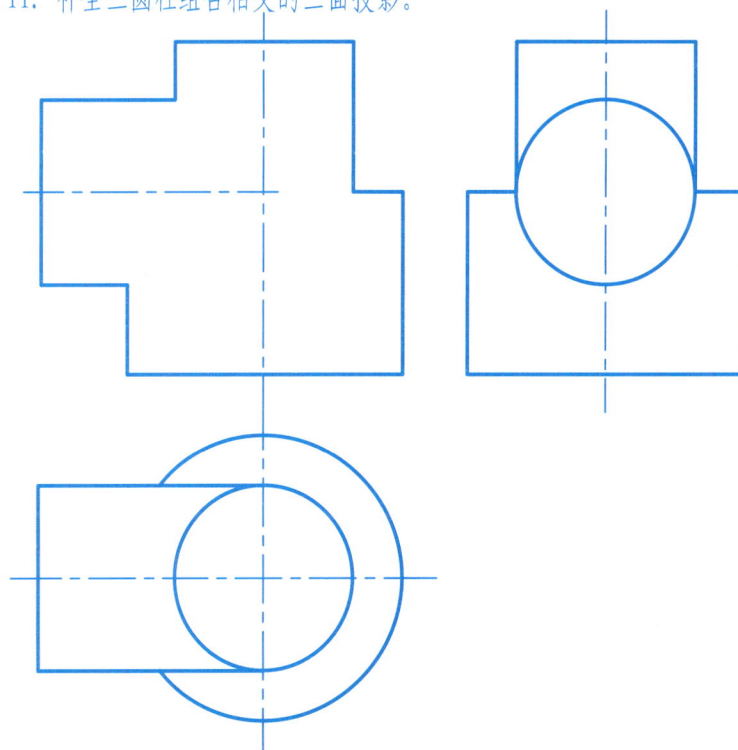

12. 补全三形体组合相交的三面投影。

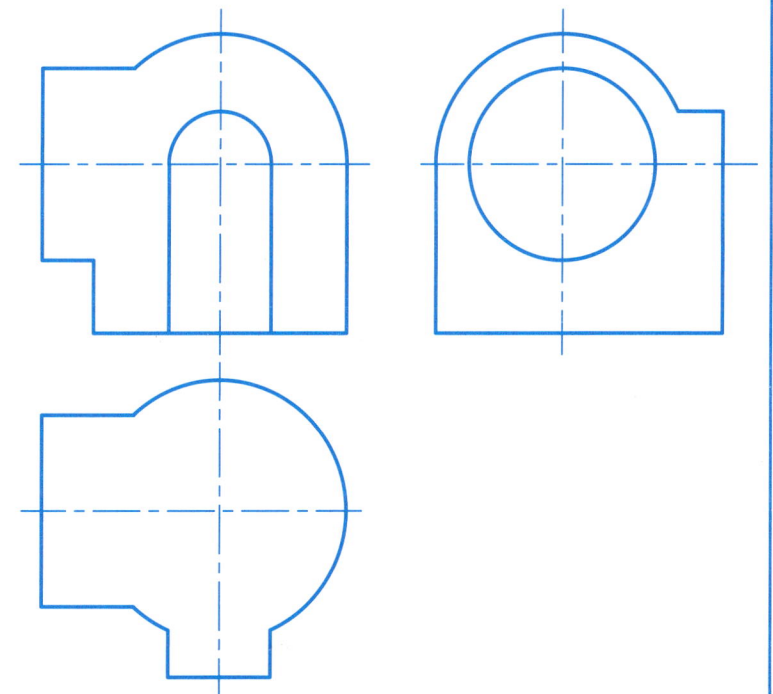

第4章 组 合 体

4-1 根据三视图，补画组合体中所缺图线 图中的圆孔均为通孔。

1.

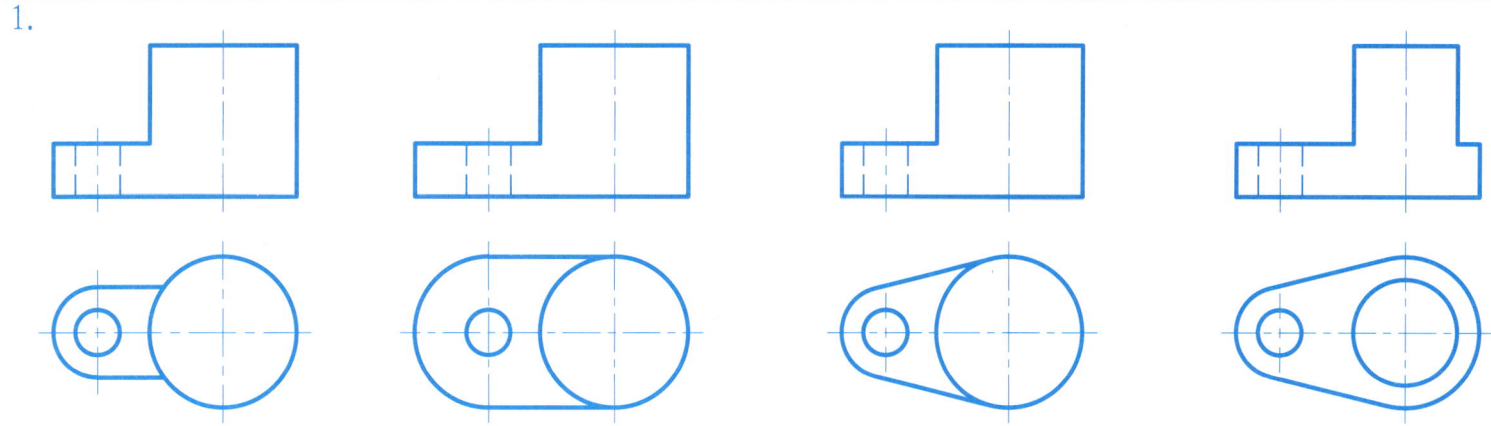

2.

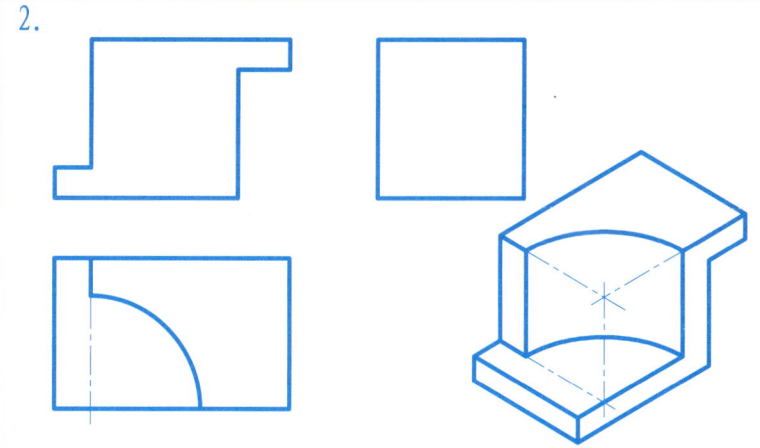

3.

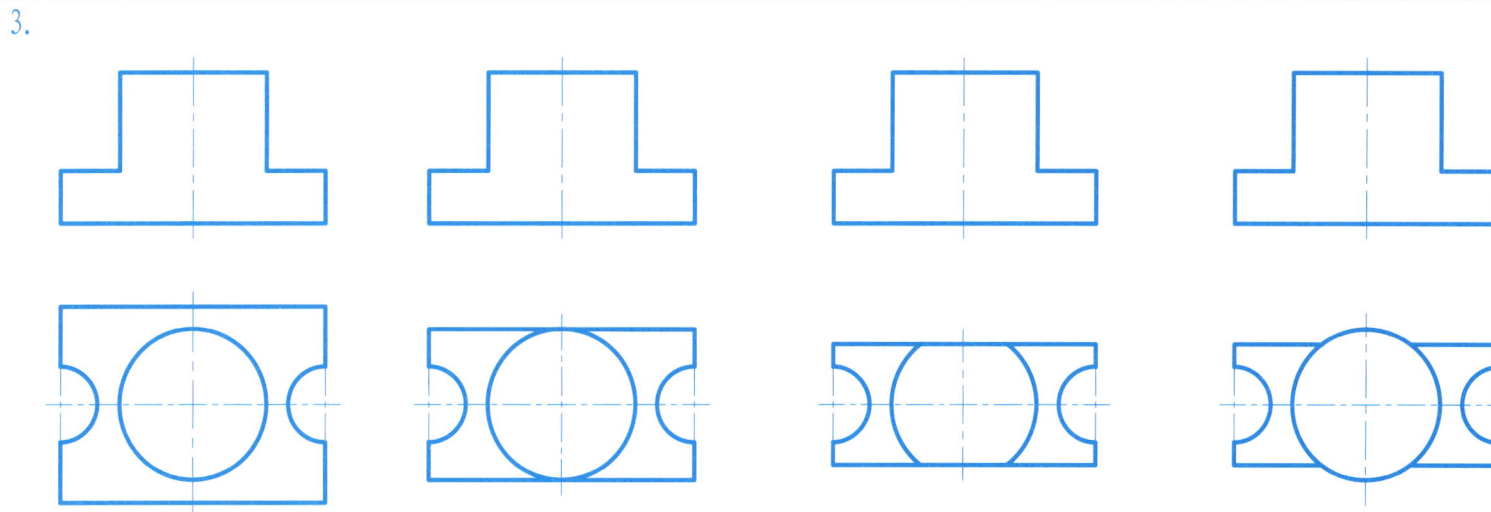

4.

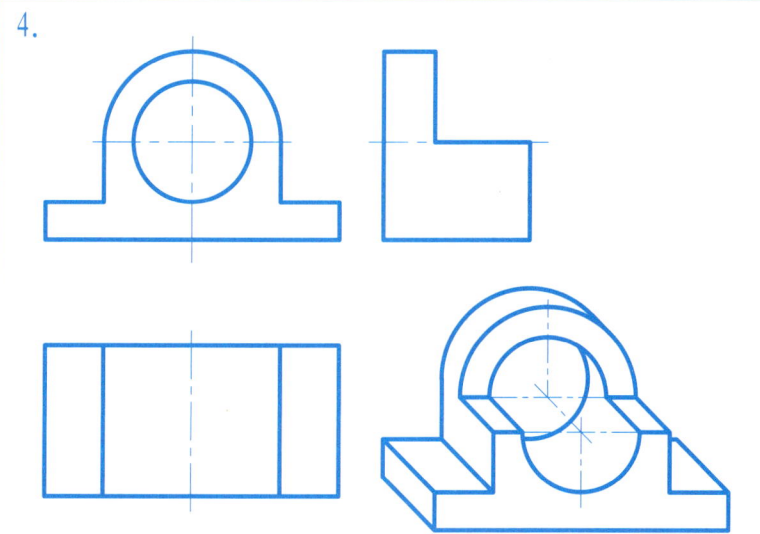

5.

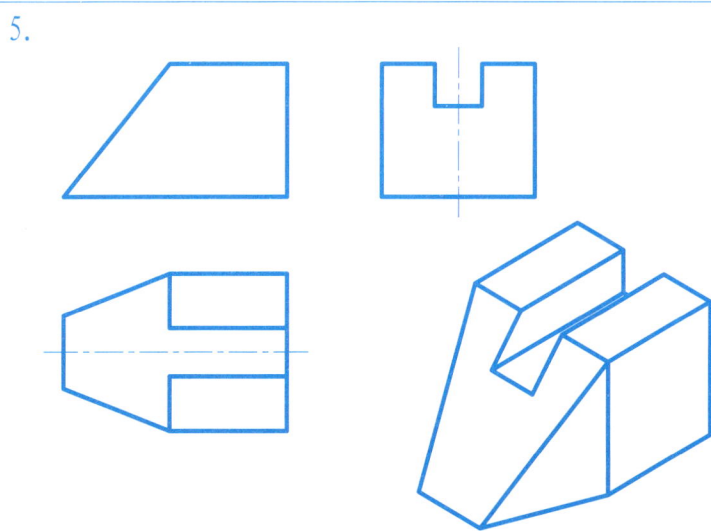

6.

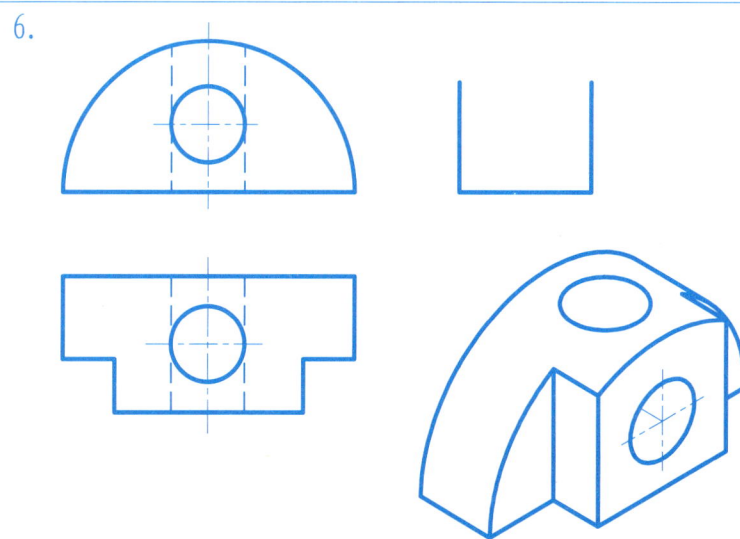

7.

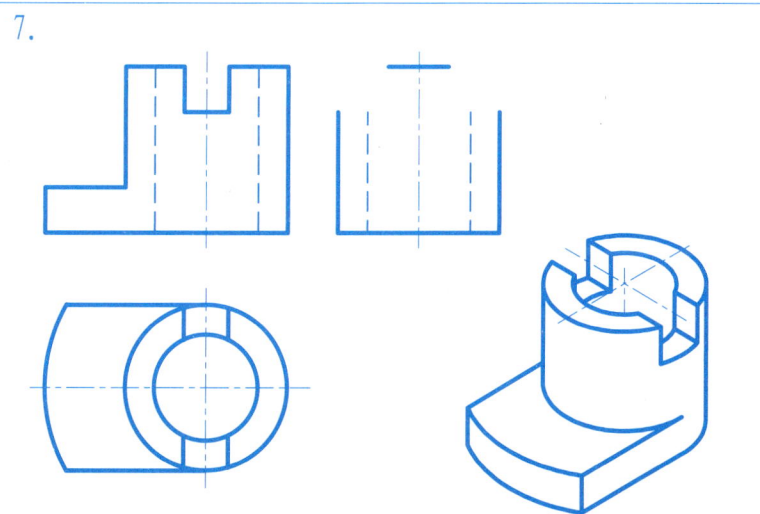

| 专业班级 | | 姓名 | | 学号 | | 24 |

4-2 组合体三视图的草图练习

任选六个立体图，在下面粗线框内按细线格数量，徒手画组合体三视图的草图，槽是通槽，孔是通孔，曲面是圆柱面。

1.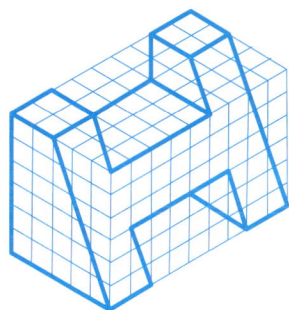
2.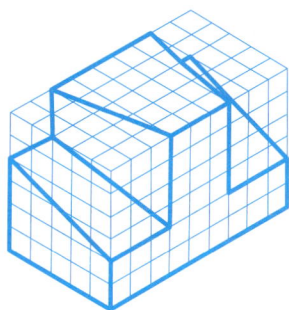
3.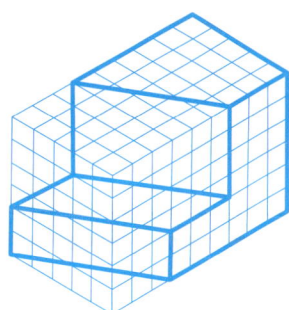
4.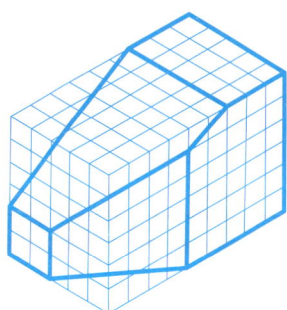
5.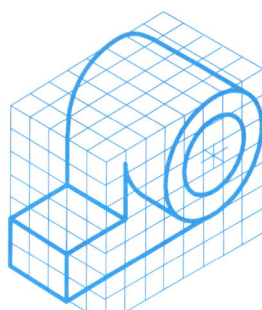
6.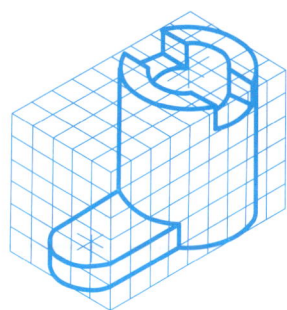
7.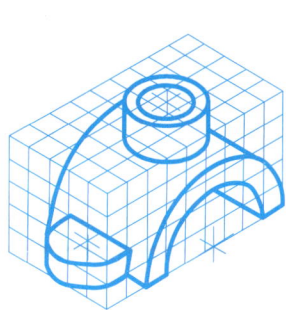
8.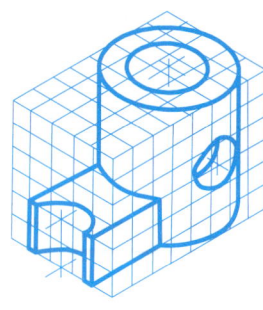

1.

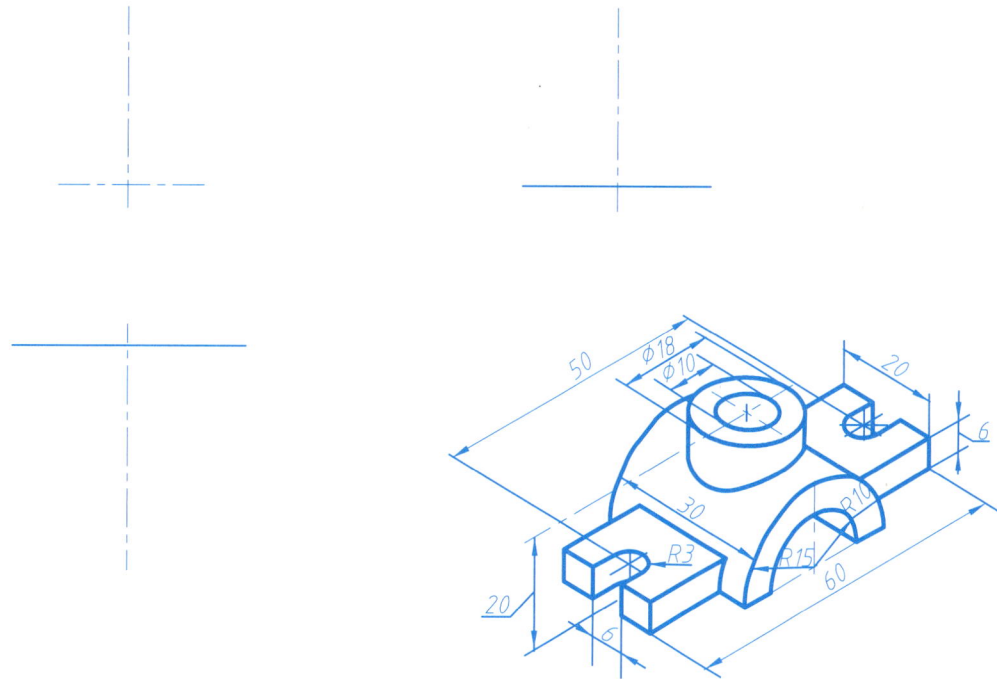

2.

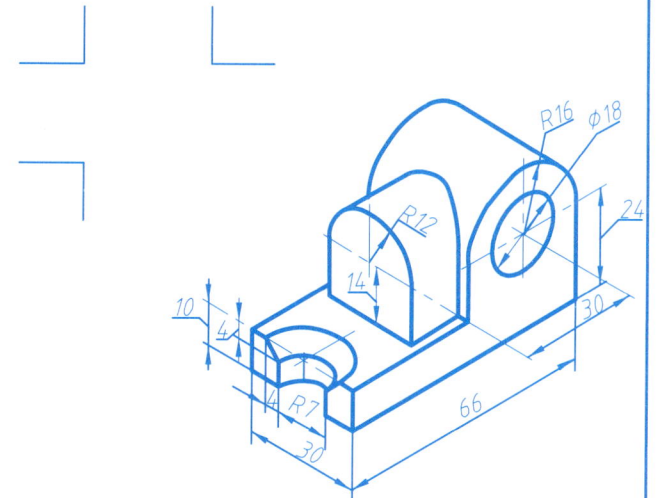

3.

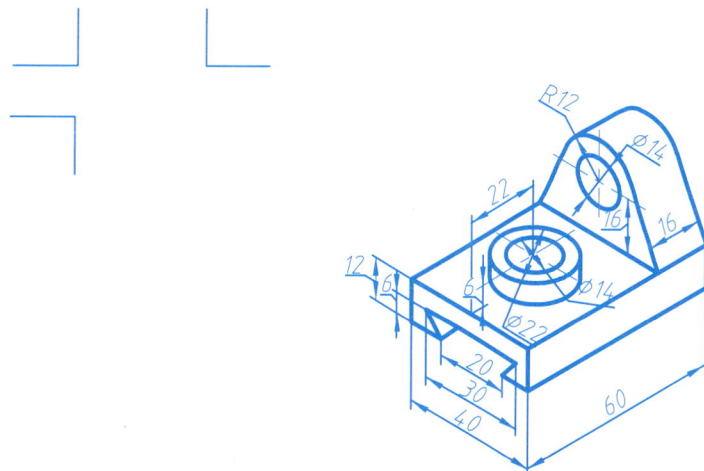

4.

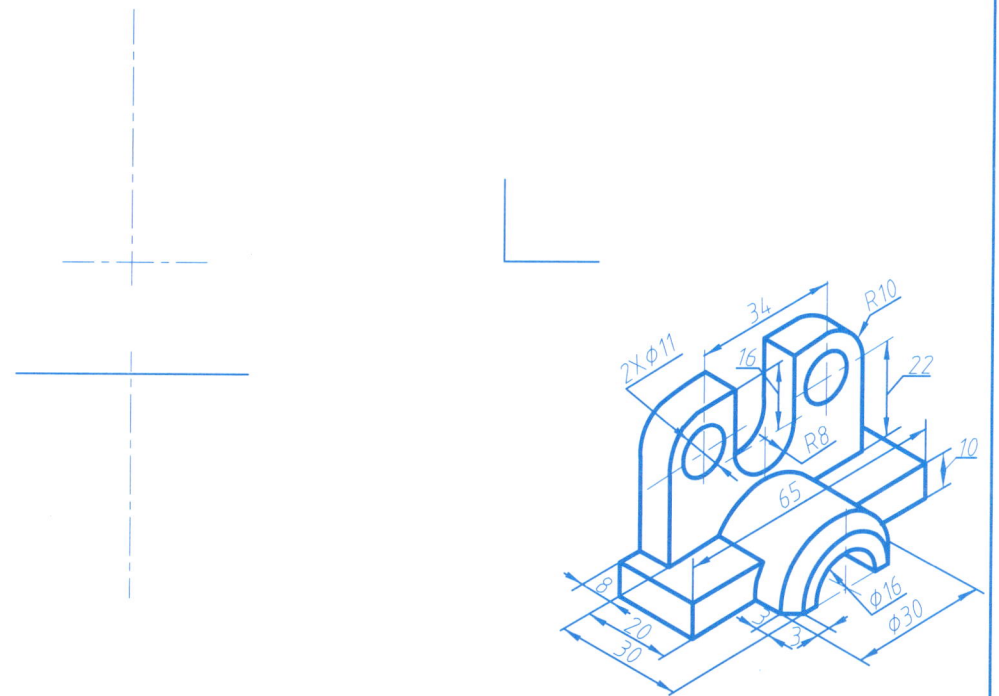

| 专业班级 | | 姓名 | | 学号 | | 26 |

1.

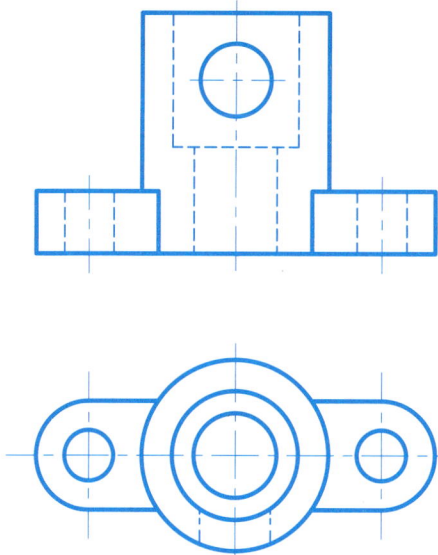

2.

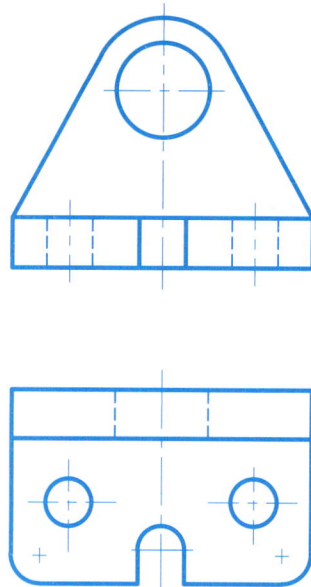

3.

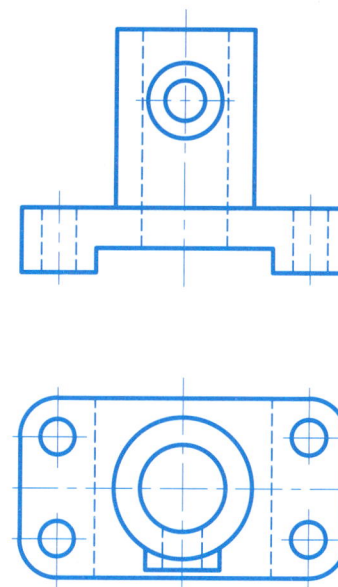

4.

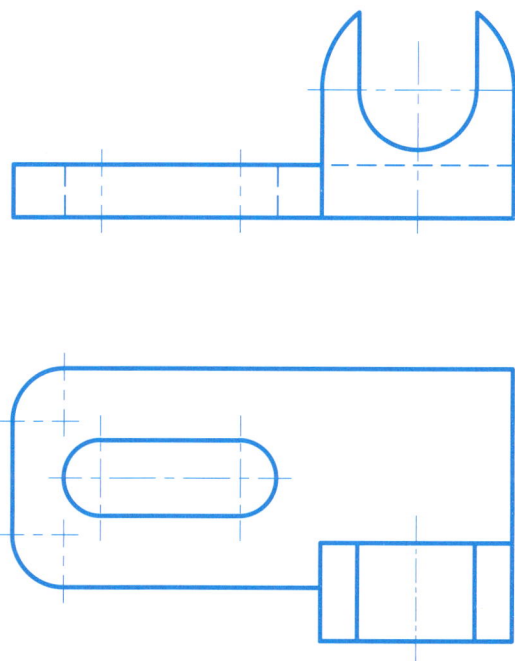

5.

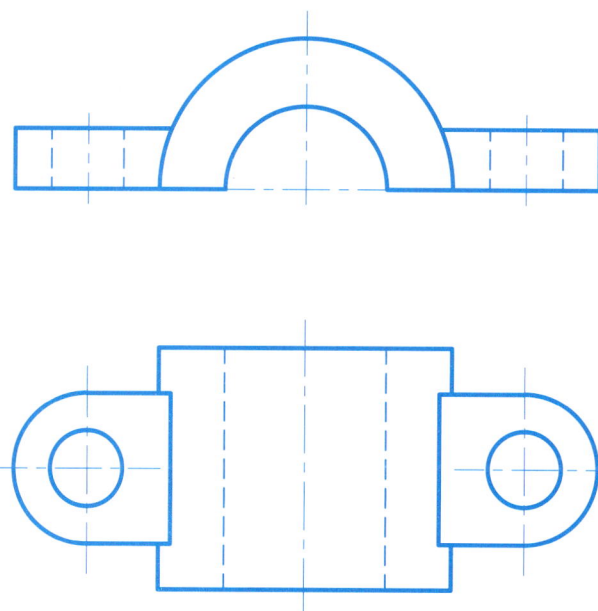

6.

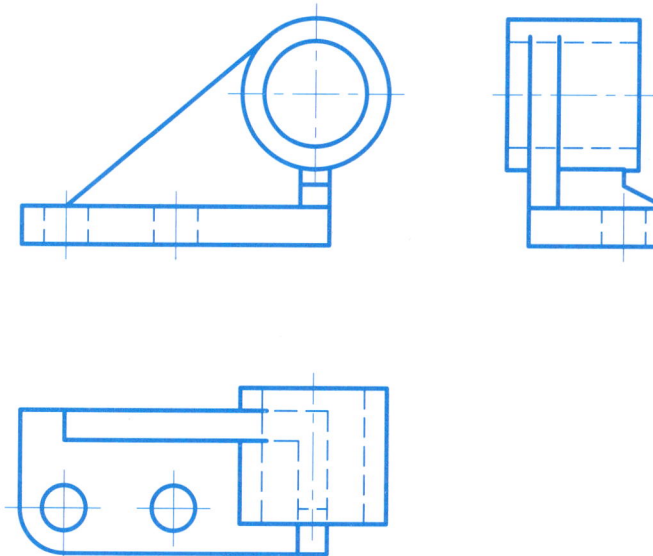

1. 漏4个尺寸。

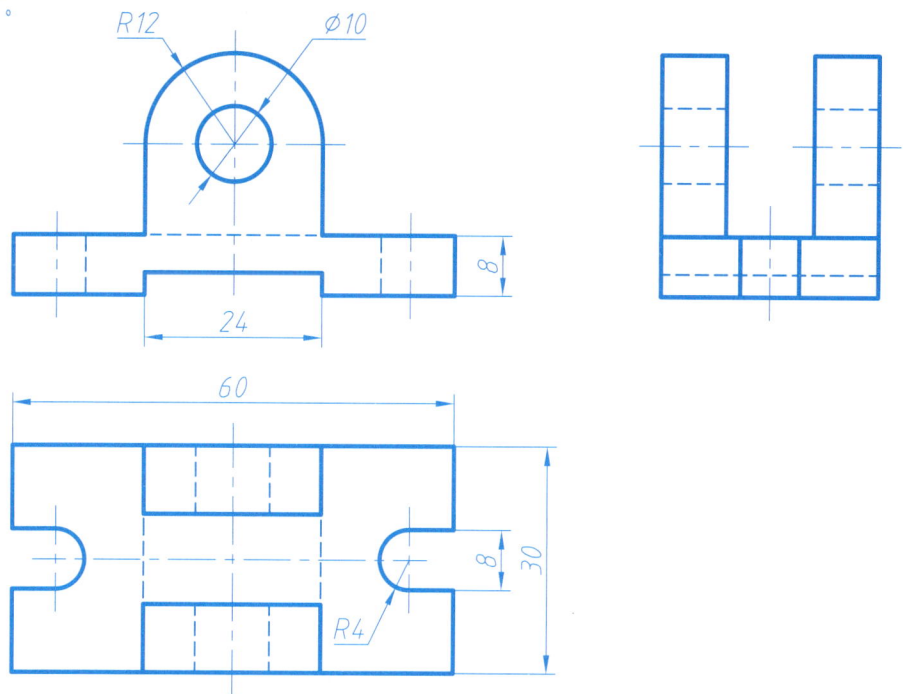

2. 漏3个尺寸。

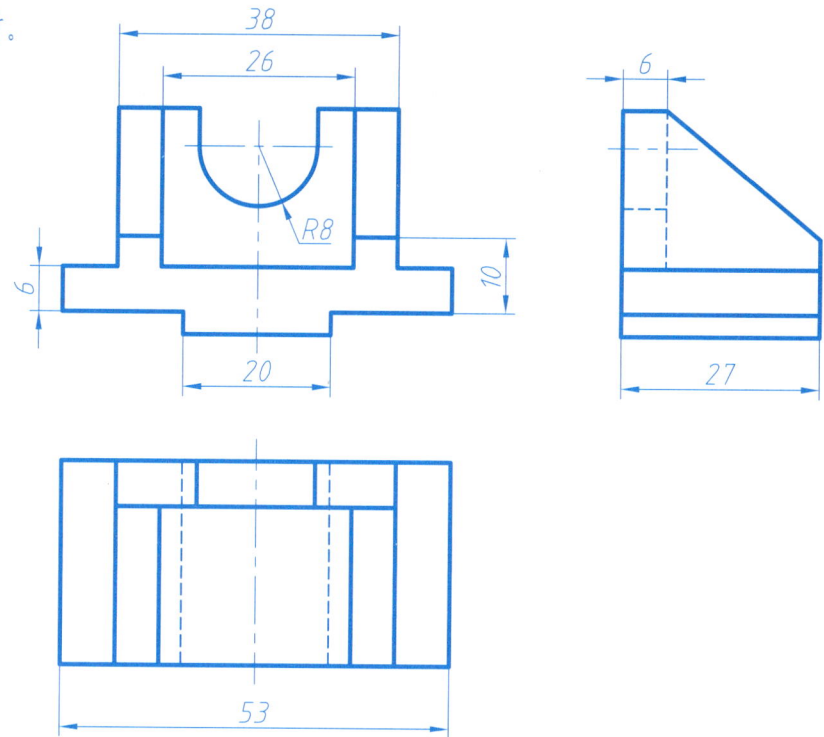

3. 漏6个尺寸。

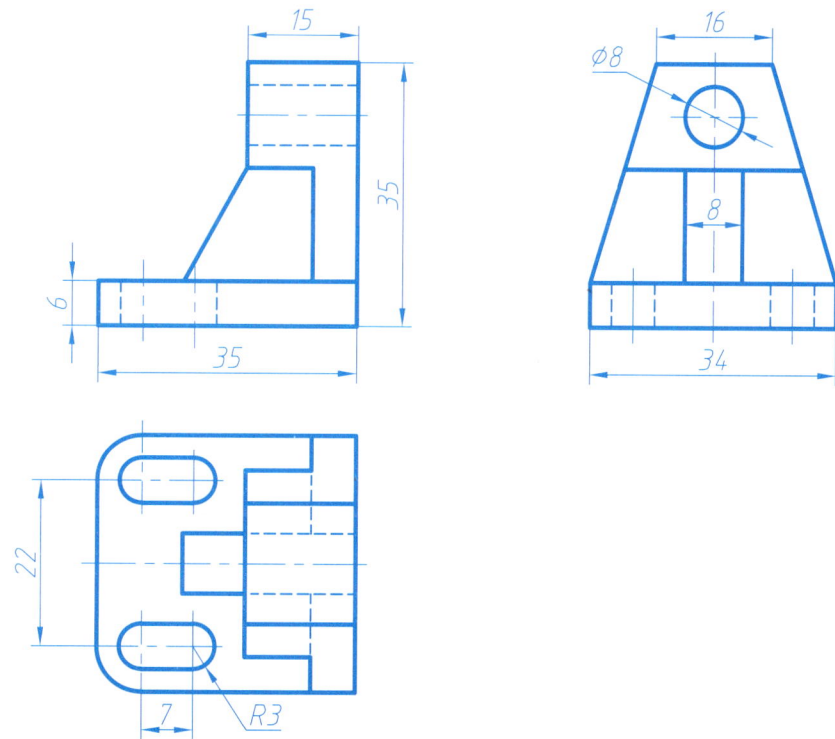

4. 漏4个尺寸。

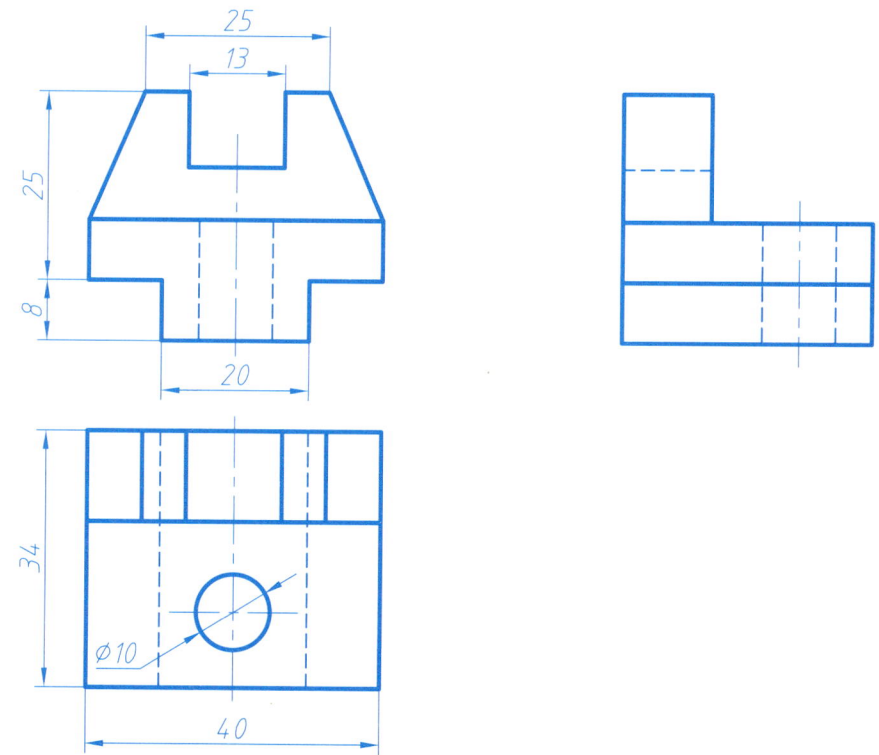

| 专业班级 | 姓名 | 学号 | 28 |

4-6 补画视图中所缺图线

1.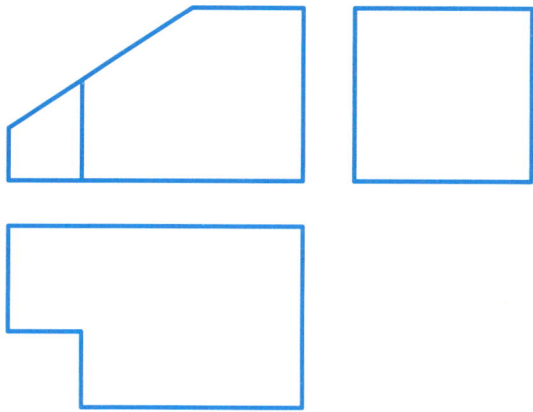

2.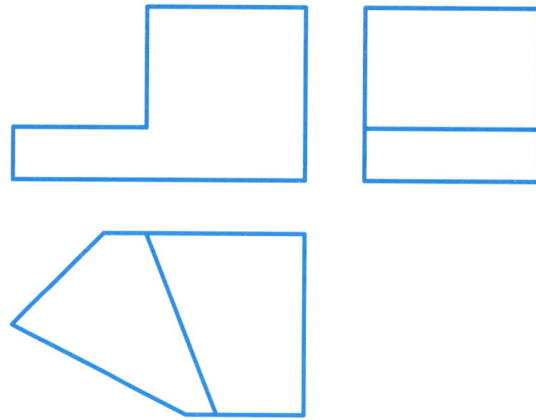

3.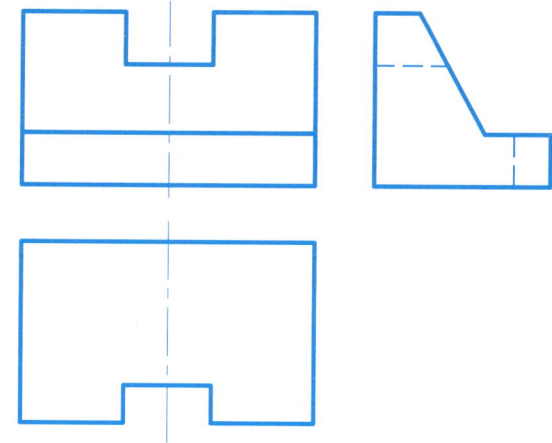

4.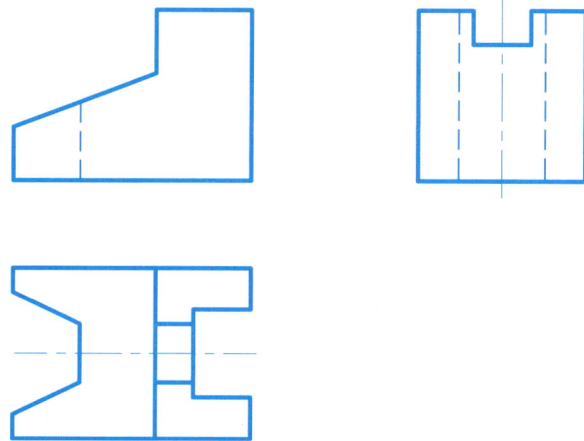

5.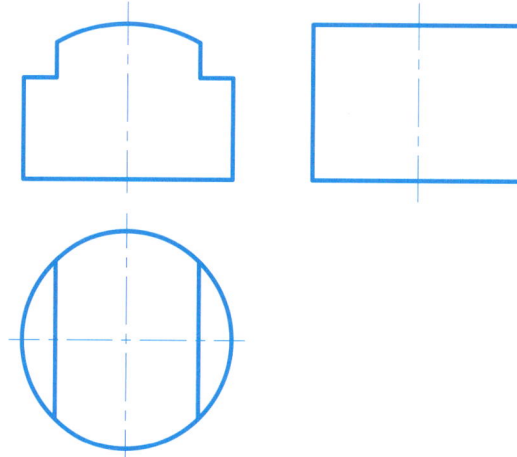

6.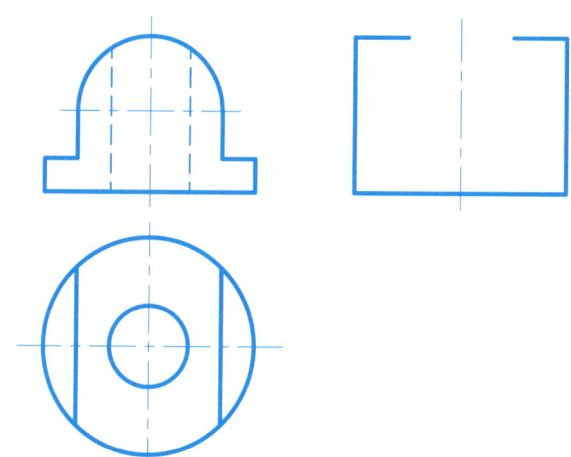

7.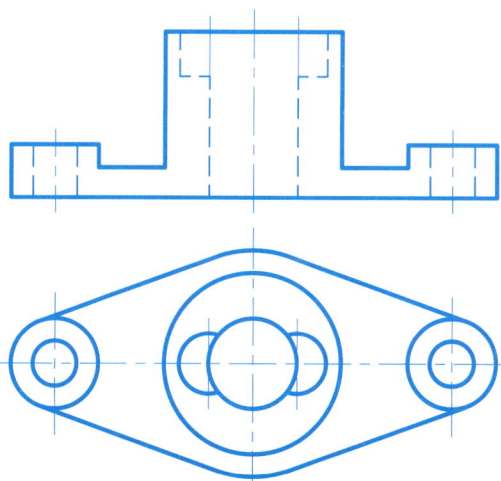

8.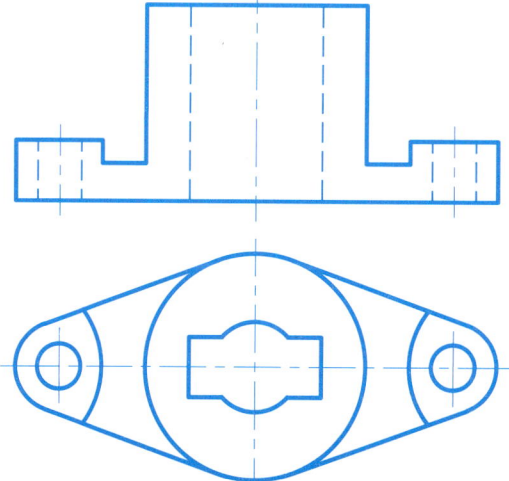

9.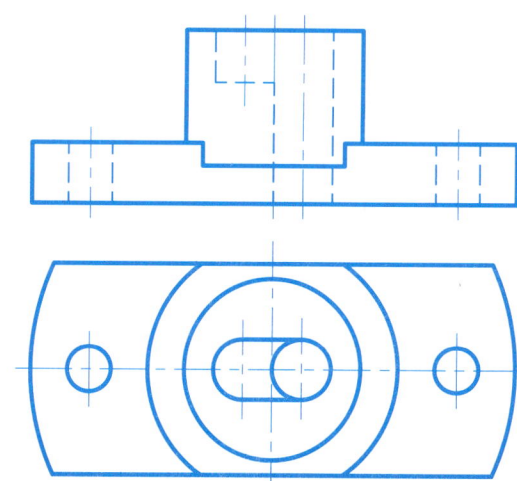

1.

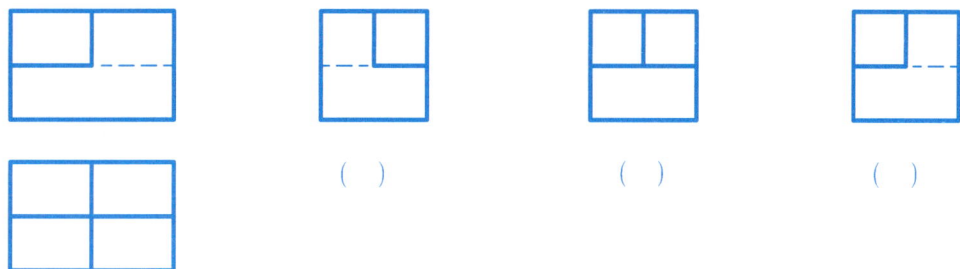

( )　　　( )　　　( )

2.

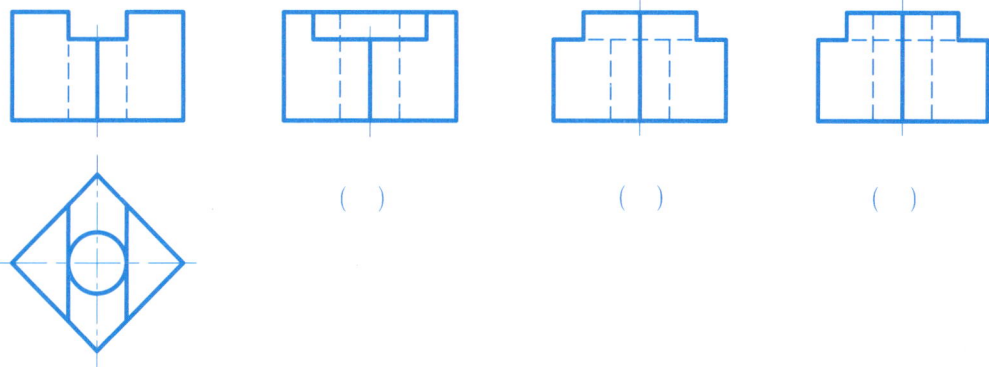

( )　　　( )　　　( )

3.

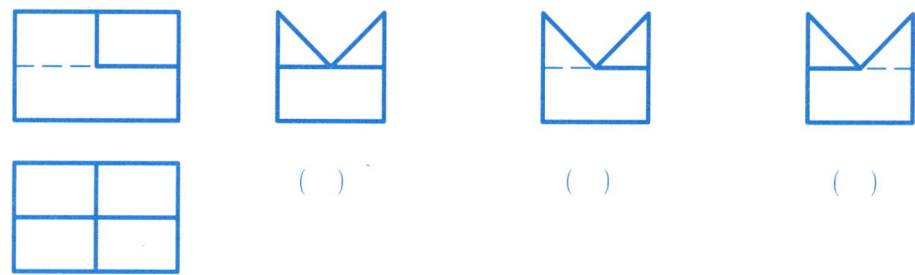

( )　　　( )　　　( )

4.

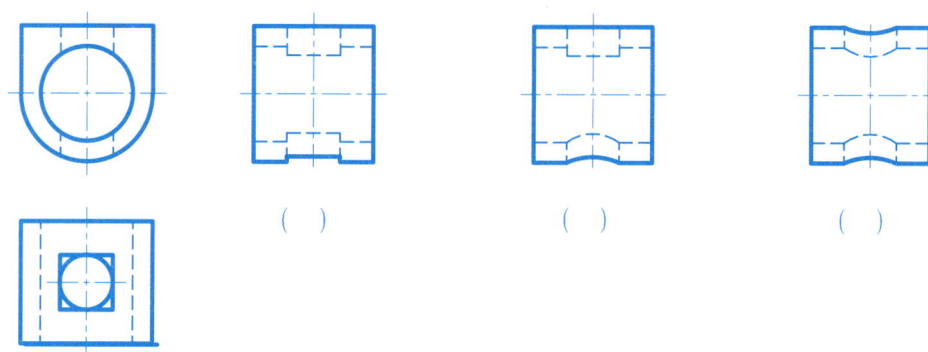

( )　　　( )　　　( )

5.

6.

7.

8.

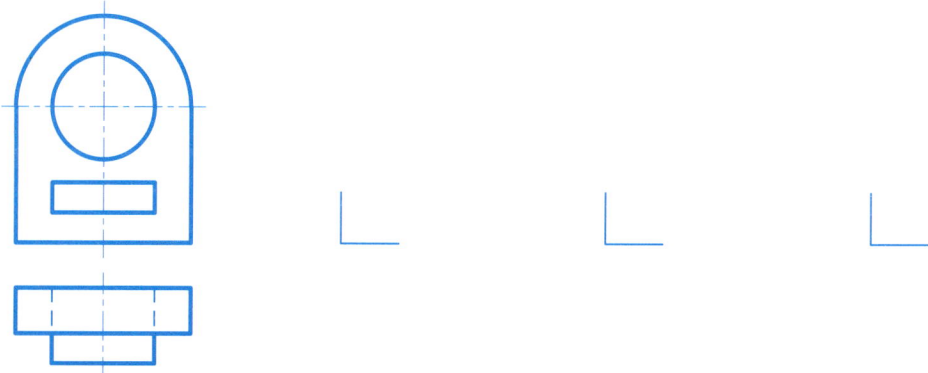

| 专业班级 | | 姓名 | | 学号 | | 30 |

对指定的图线和线框标出其他两个投影，并判别它们与投影面以及相互之间的相对位置，第1~4题要补画视图中所缺的图线。

1.

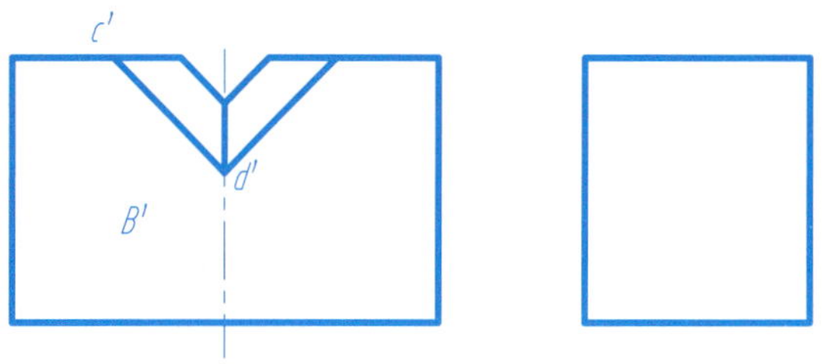

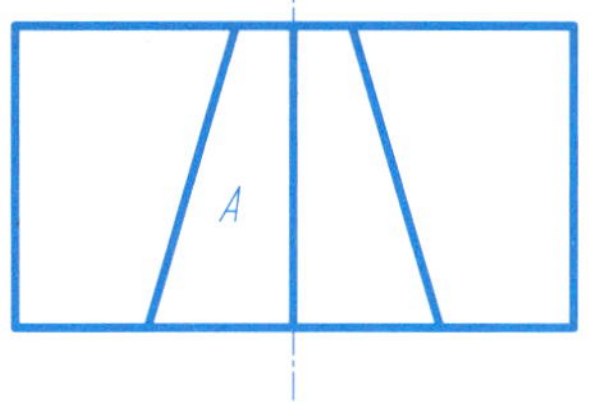

(1) A面是_____面；
(2) B面是_____面；
(3) CD是_____线。

2.

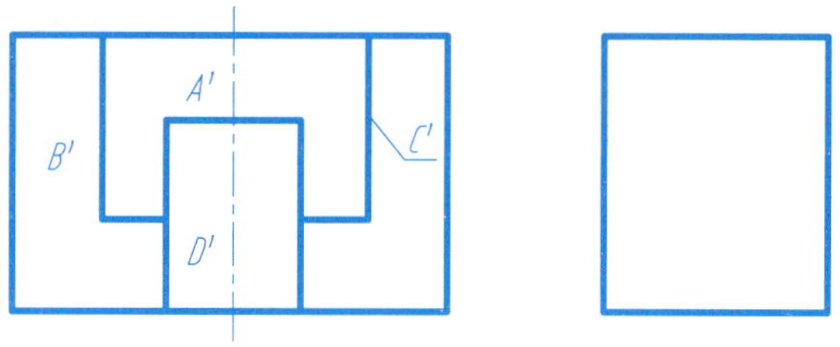

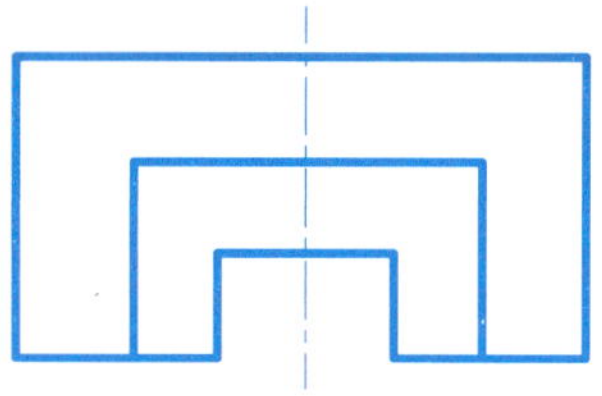

(1) A面是_____面；
(2) C面是_____面；
(3) B面在D面之_____。

3.

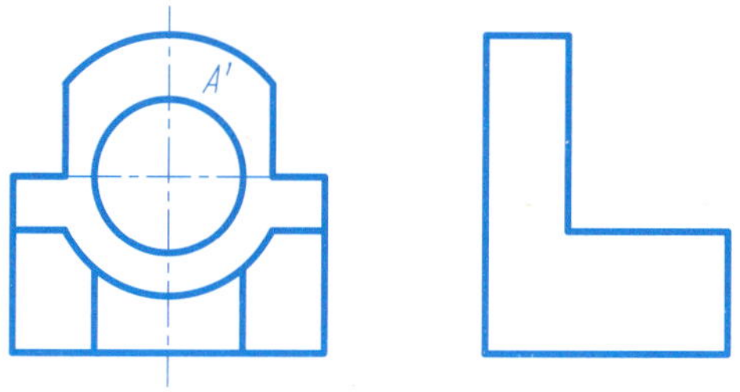

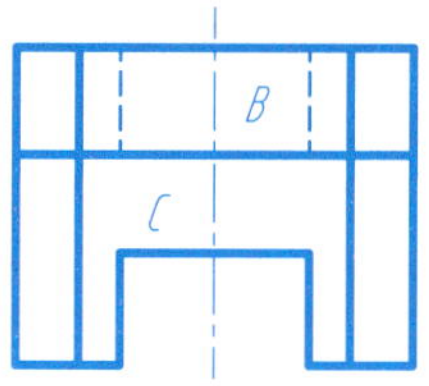

(1) A面是_____面；
(2) C面是_____面；
(3) B面在C面之_____。

4.

(1) A面是_____面；
(2) B面在C面之_____；
(3) DE是_____线。

5.

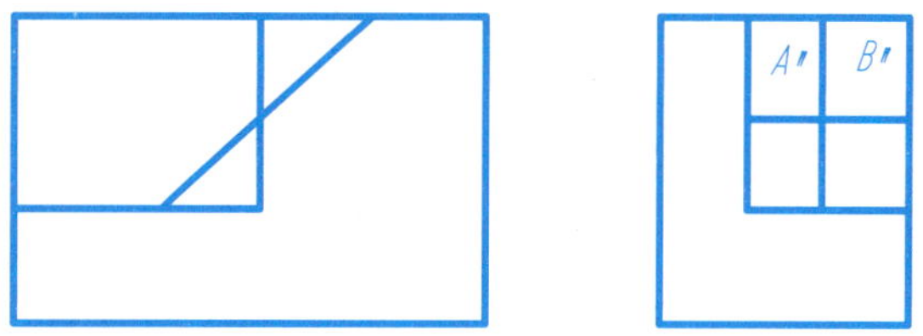

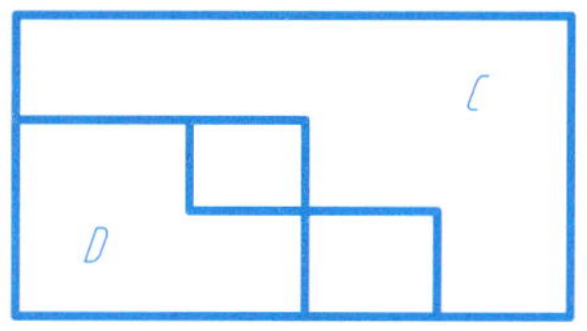

(1) A面是_____面；
(2) C面是_____面；
(3) C面在D面之_____。

6.

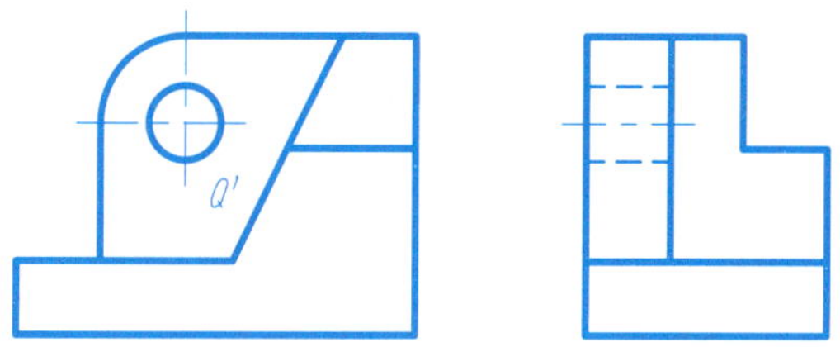

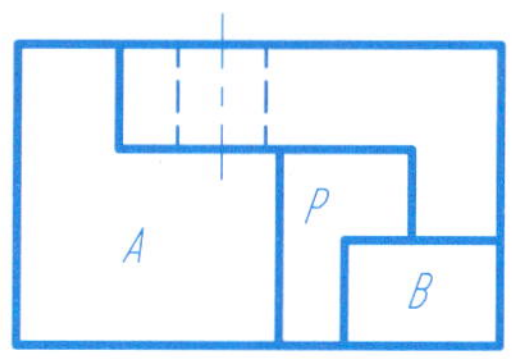

(1) P面是_____面；
(3) A面在B面之_____；
(2) Q面是_____面。

7.

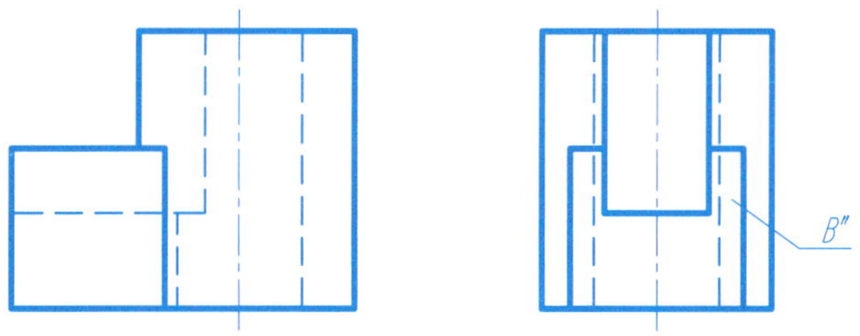

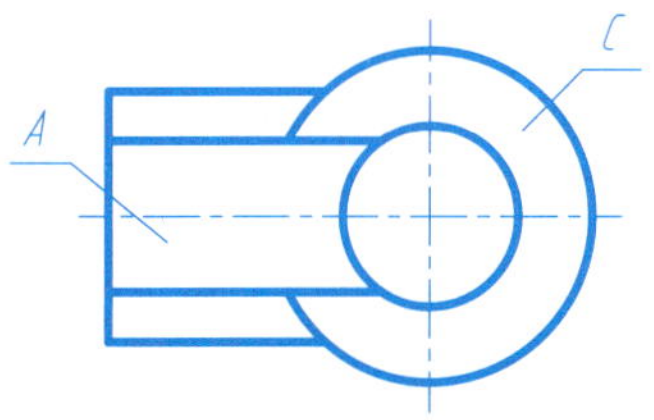

(1) A面是_____面；
(2) B面是_____面；
(3) C面在A面之_____。

8.

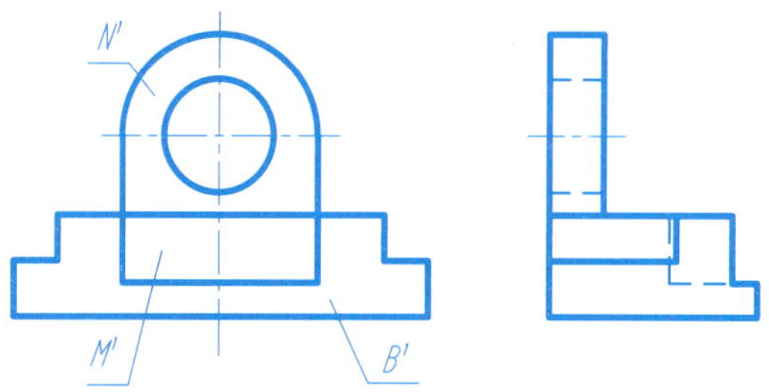

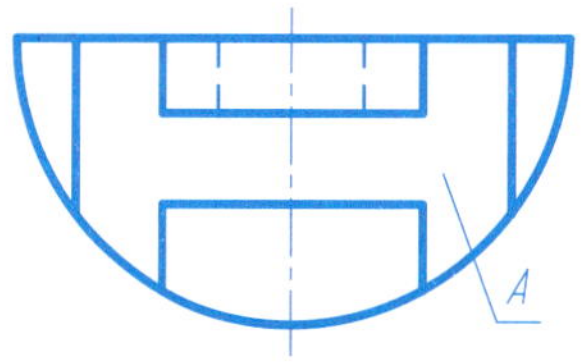

(1) A面是_____面；
(2) B面是_____面；
(3) M面在N面之_____。

9.

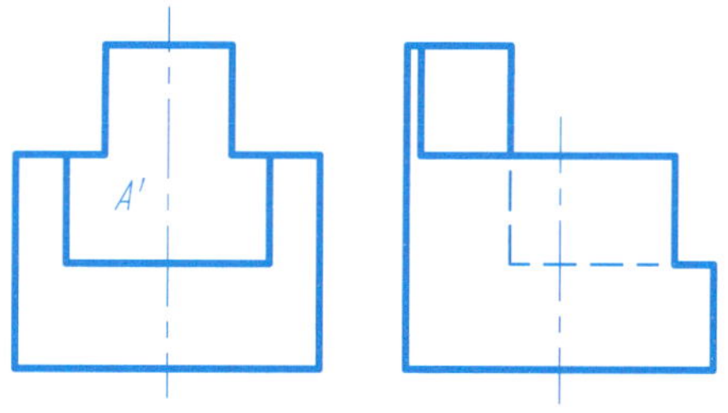

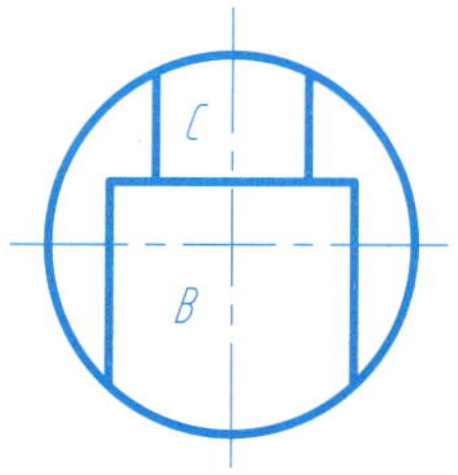

(1) A面是_____面；
(2) B面是_____面；
(3) C面在B面之_____。

专业班级		姓名		学号		31

4-9 根据所绘视图，分析并补画第三视图

1.
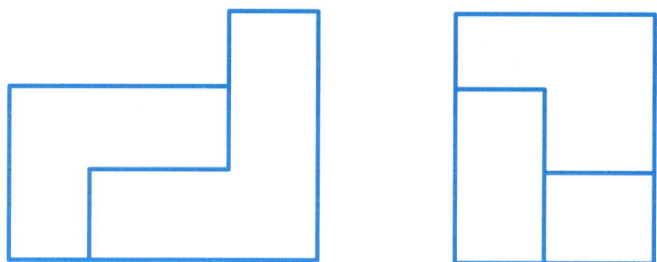

2.
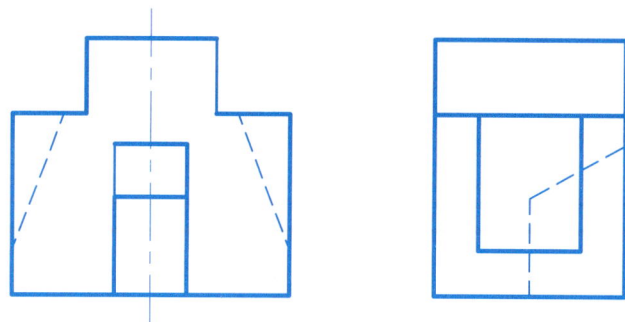

3.
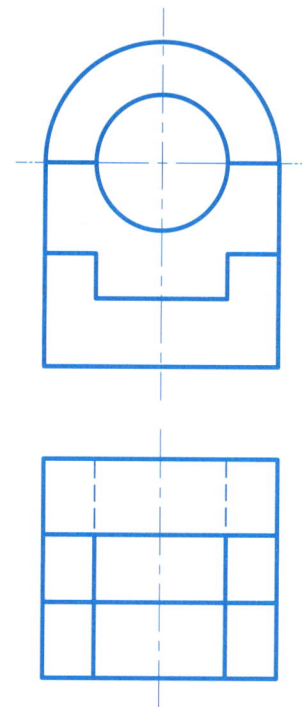

4.
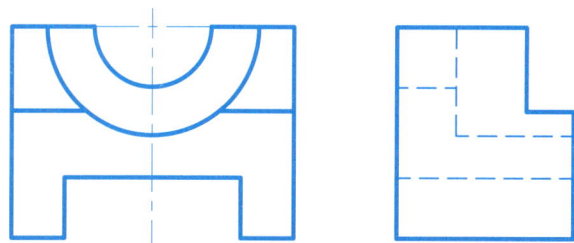

5.
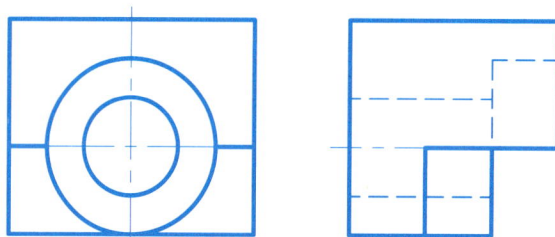

6.
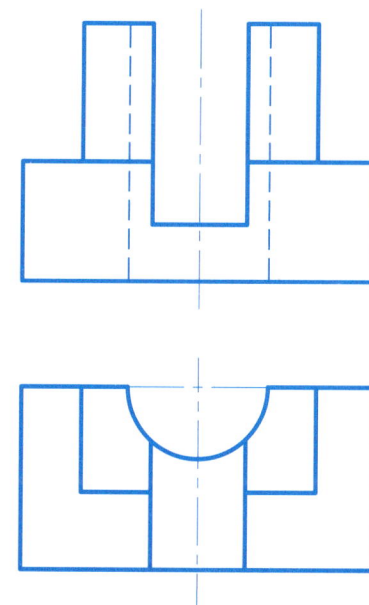

4-9 根据所绘视图，分析并补画第三视图

7.

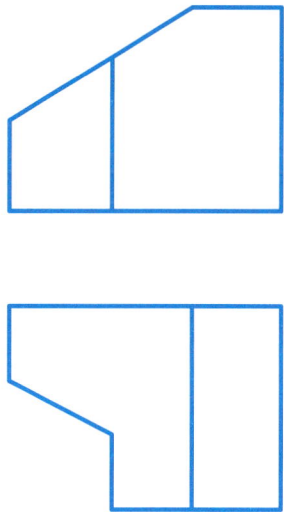

8.

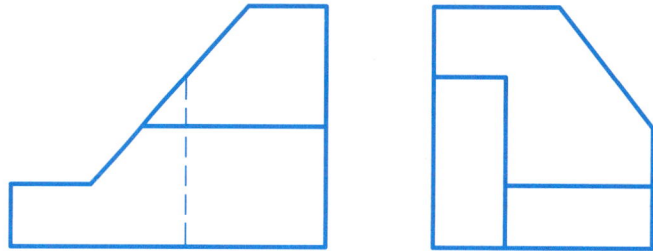

9.

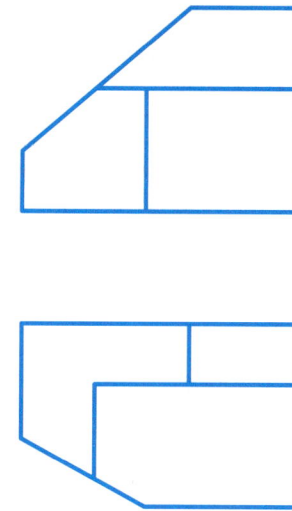

10.

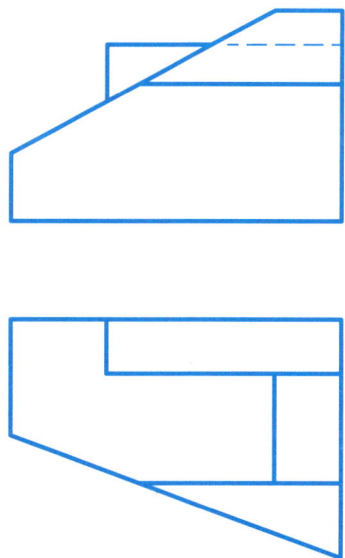

11.

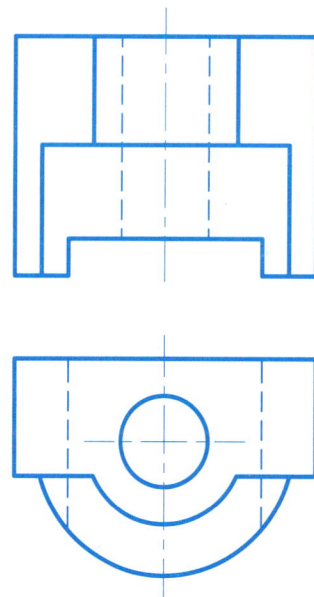

12.

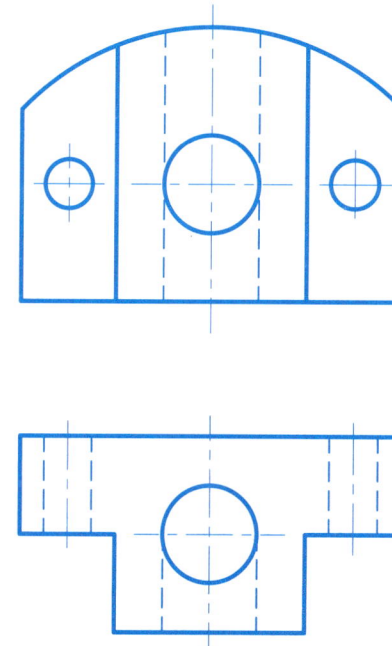

| 专业班级 | | 姓名 | | 学号 | | 33 |

13.

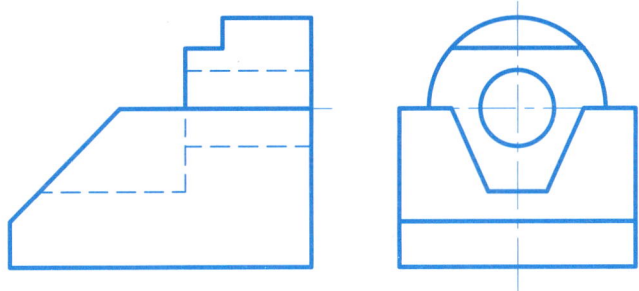

14.

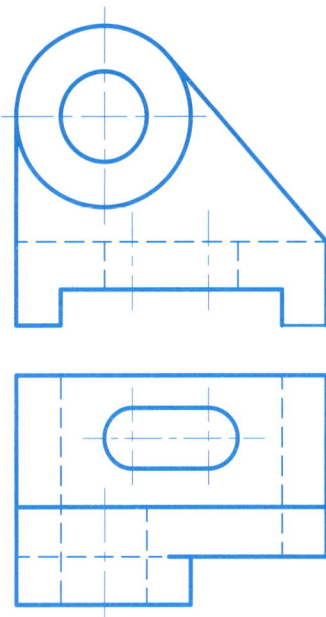

15.

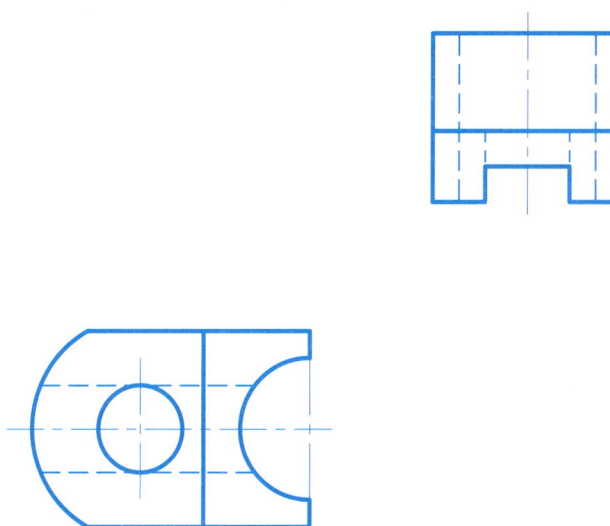

16.

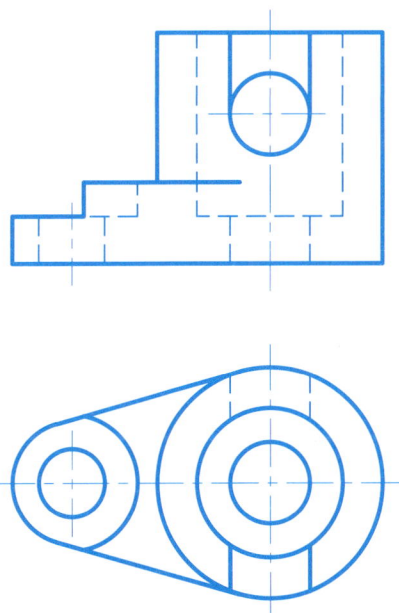

17.

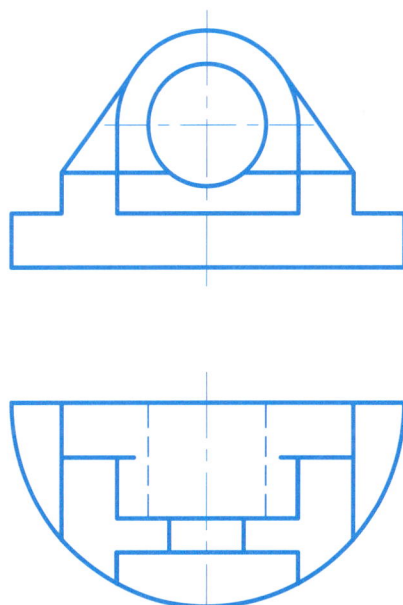

18.

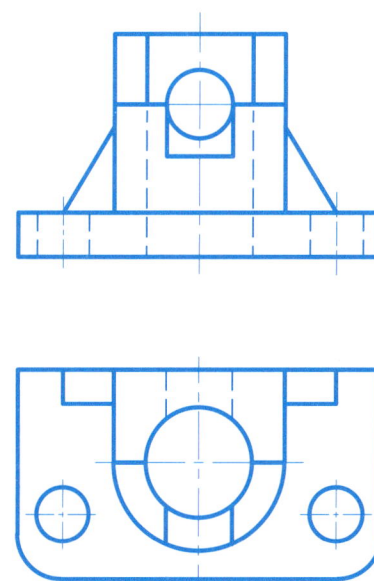

| 专业班级 | | 姓名 | | 学号 | | 34 |

4-10 第二次大作业——组合体三视图

1.

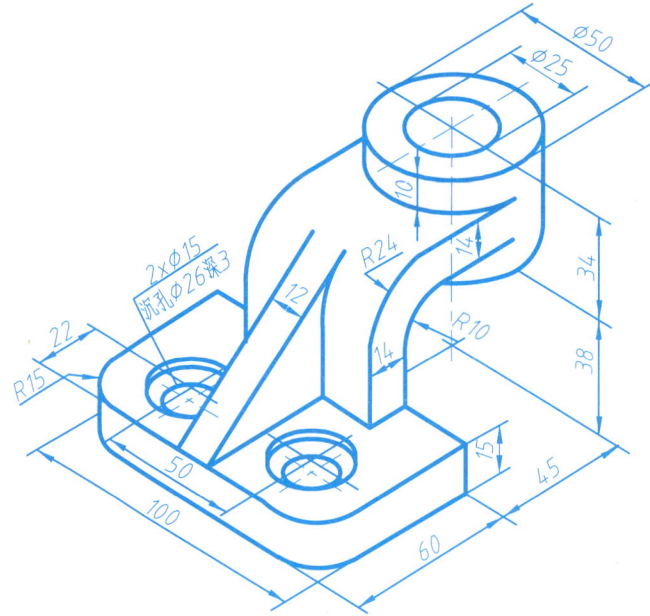

2.

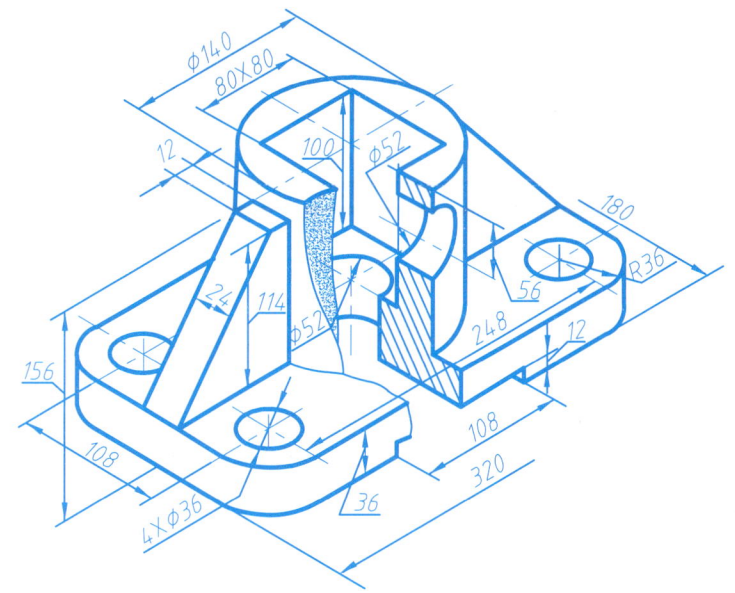

3.

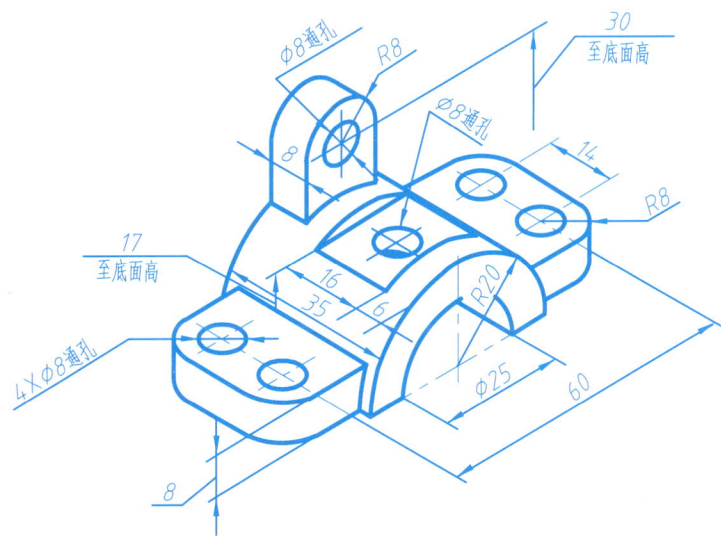

4.

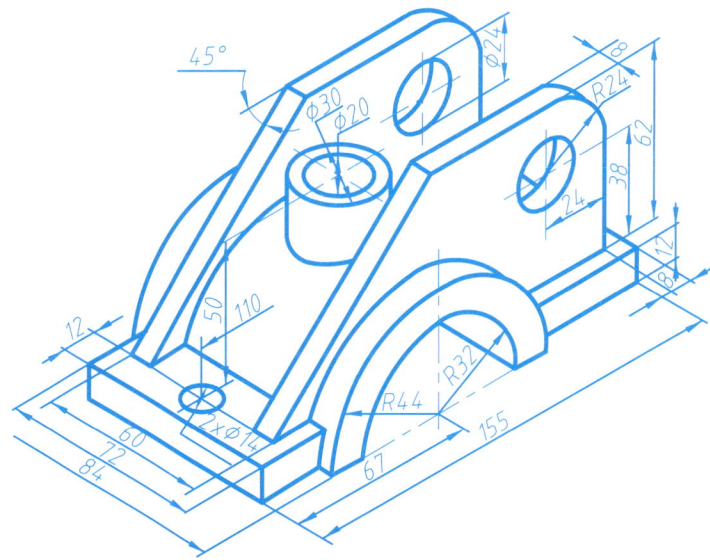

5.

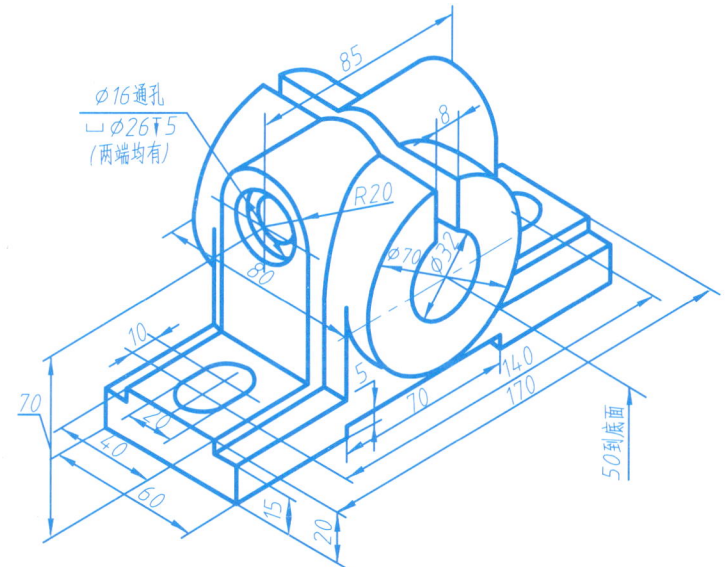

第5章 轴测图

5-1 根据投影图，画出正等轴测图

1.

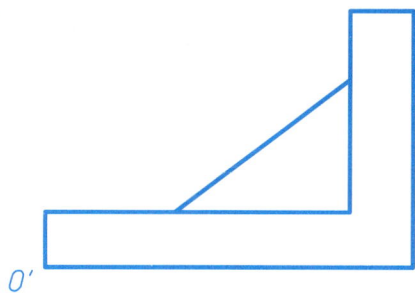

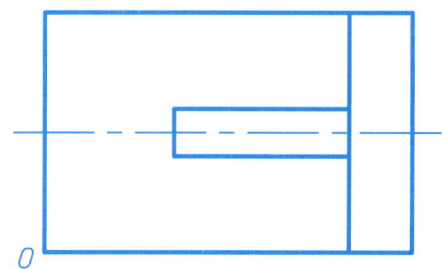

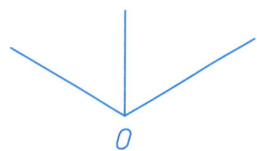

2.

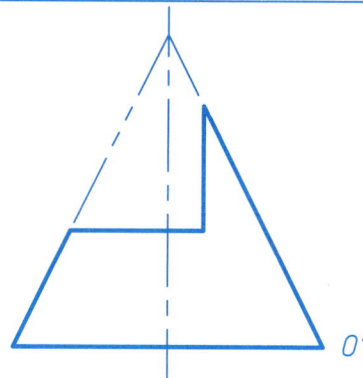

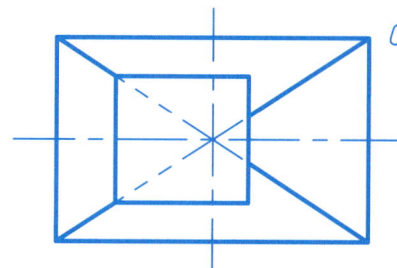

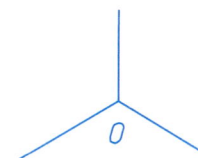

3.

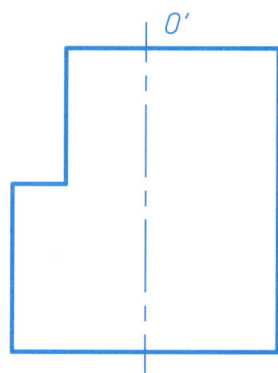

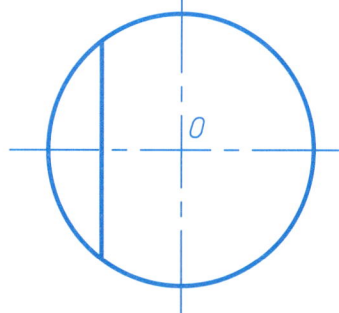

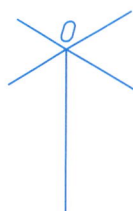

4.

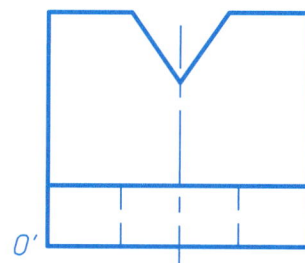

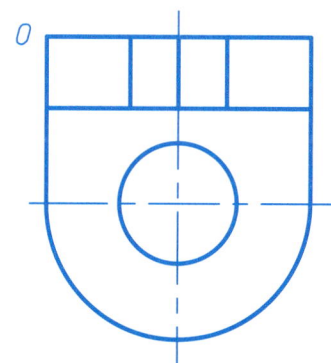

专业班级		姓名		学号		36

5.

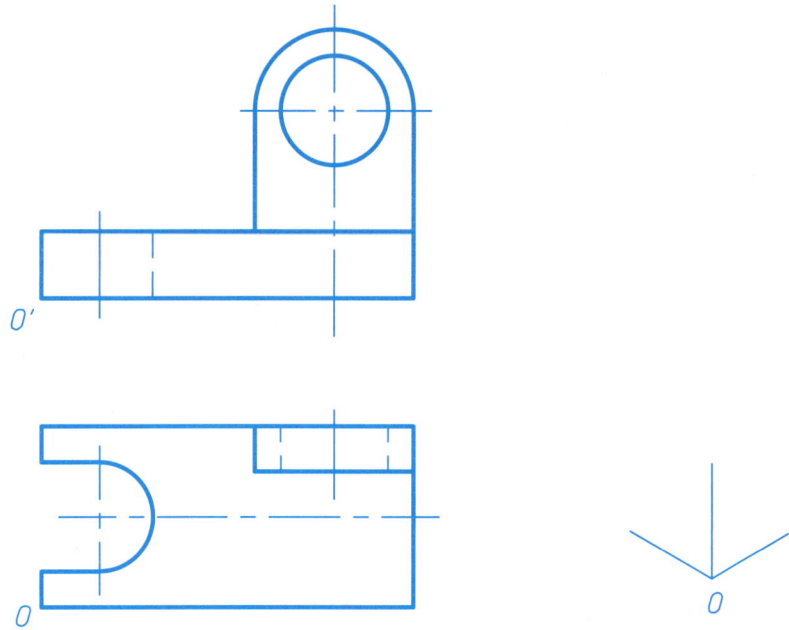

6.

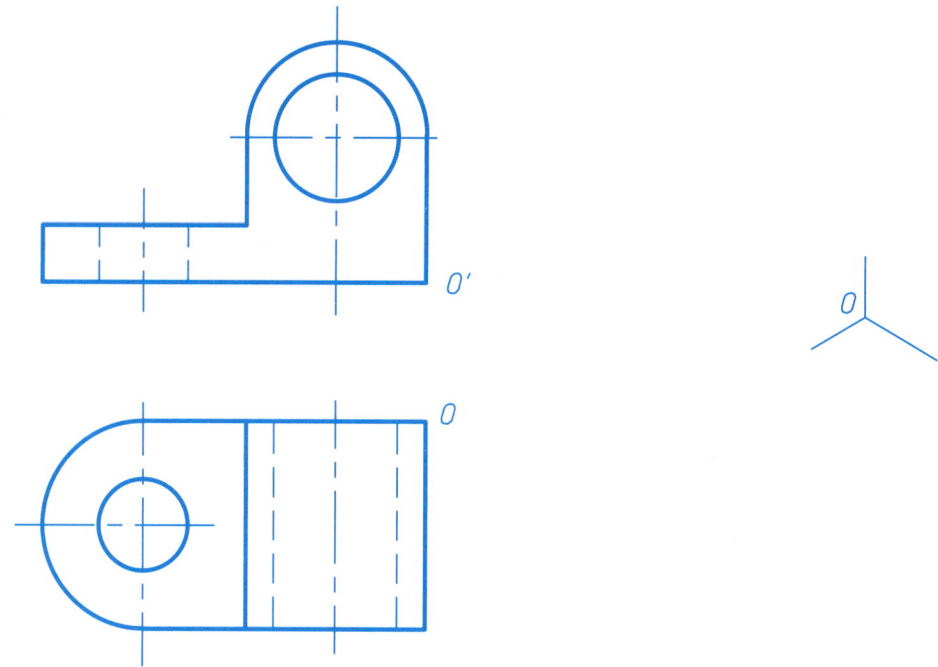

7.

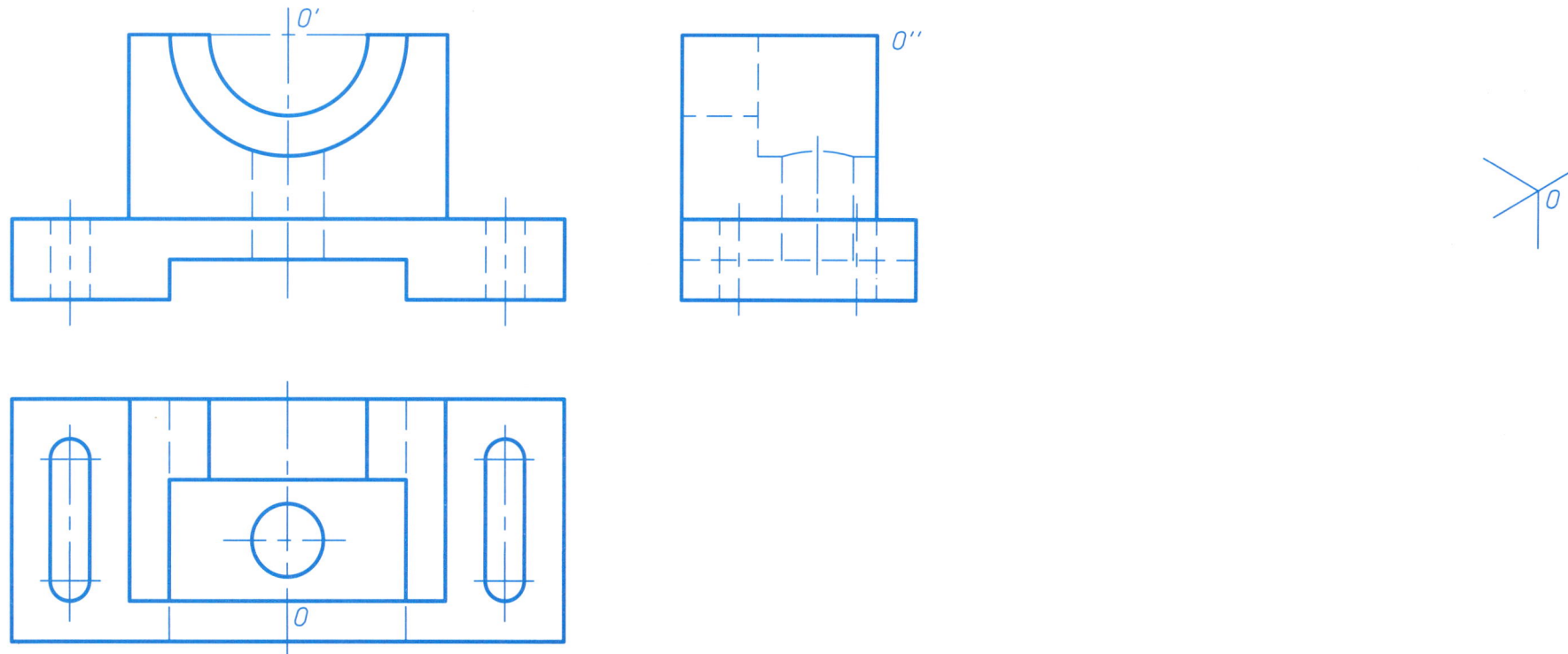

| 专业班级 | | 姓名 | | 学号 | | 37 |

1.

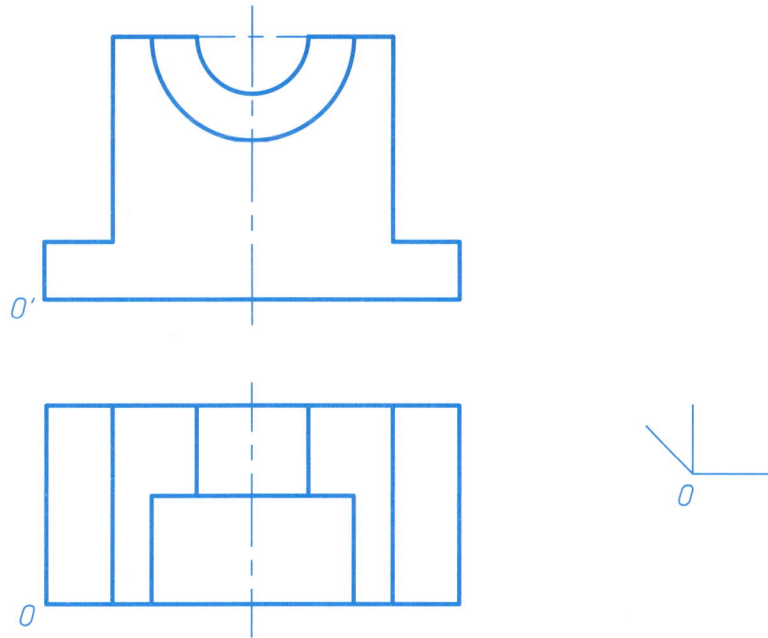

2.

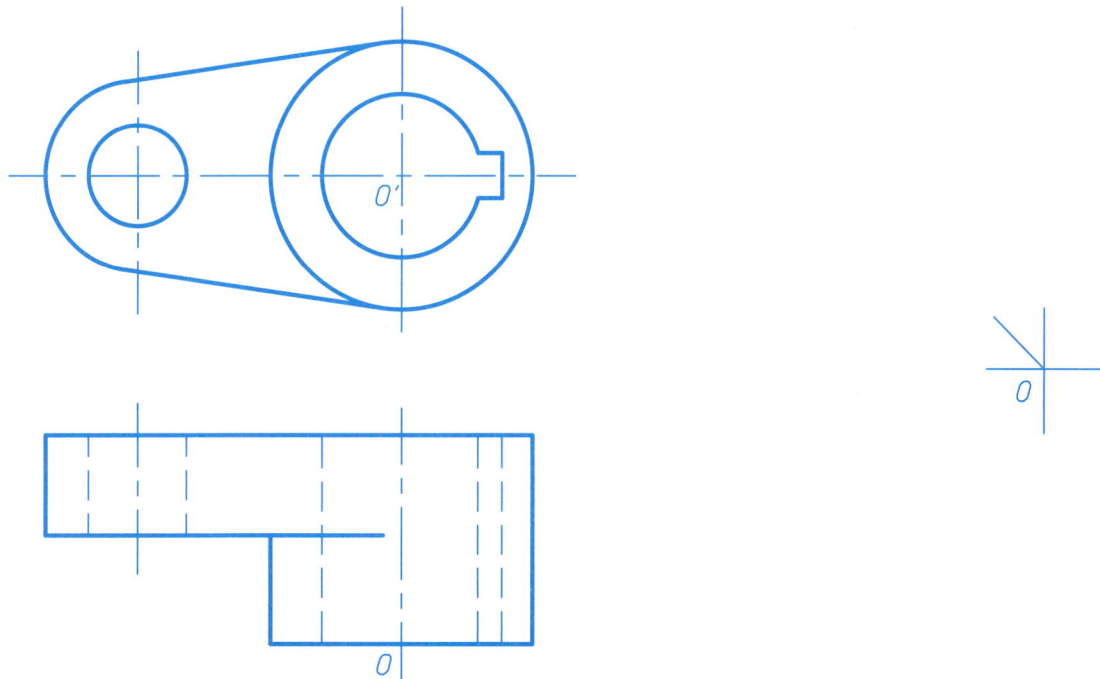

3.

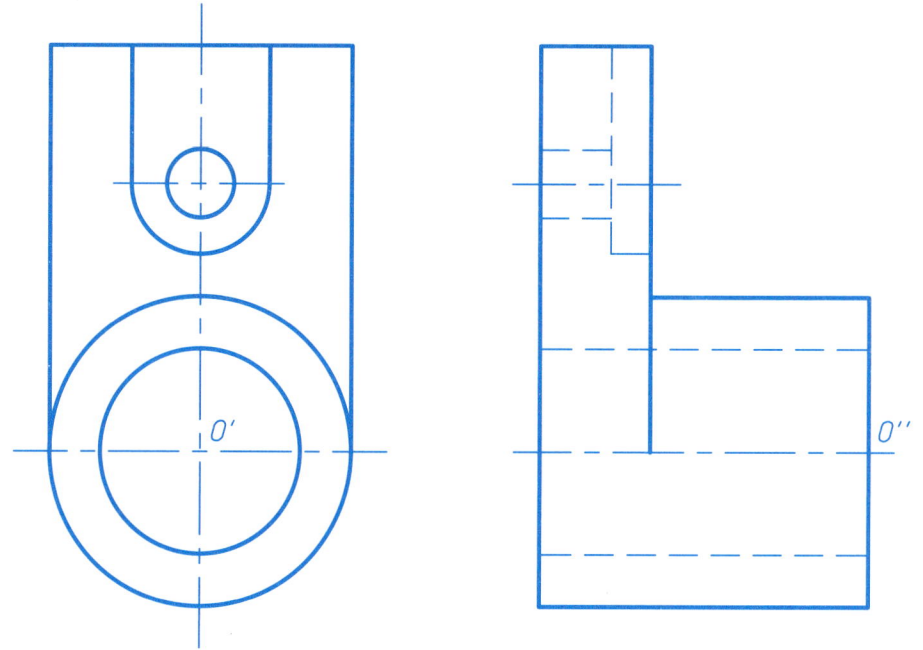

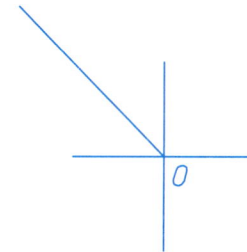

| 专业班级 | | 姓名 | | 学号 | | 38 |

6-1 机件的基本视图、向视图、局部视图

1. 根据已知的主、俯视图，完成其余四个基本视图。

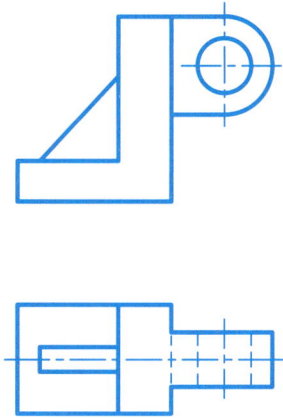

2. 在空白处画出机件的A、B、C向视图。

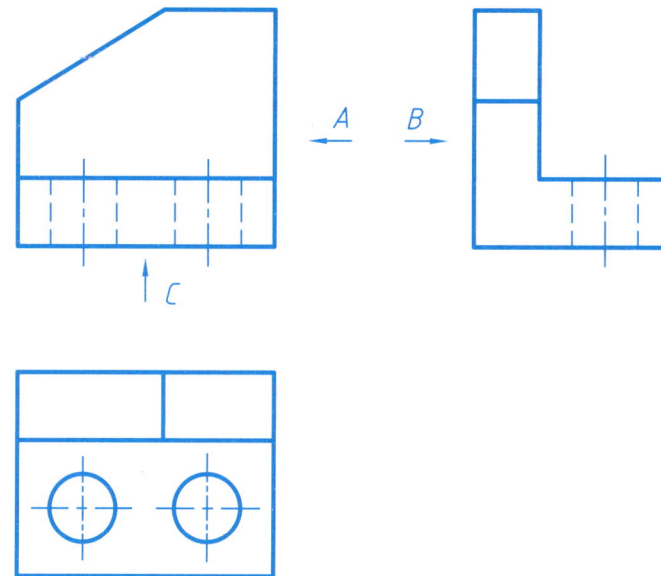

3. 画出下列物体的A向局部视图并正确标注。

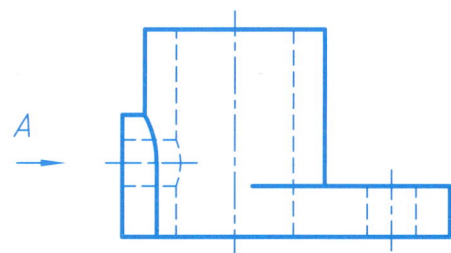

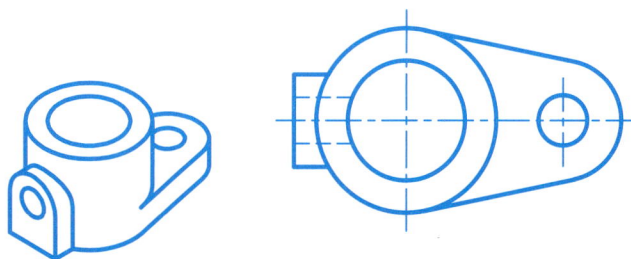

4. 根据主、俯视图，作出A向和B向局部视图。

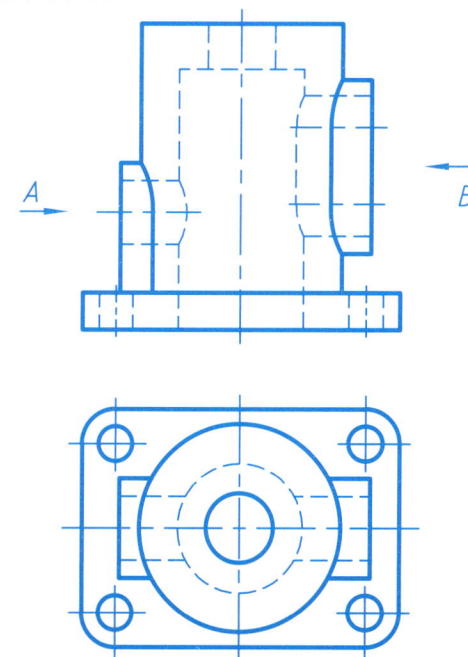

6-2 机件的斜视图

1. 根据主俯视图，在指定位置作出A向斜视图和B向局部视图。

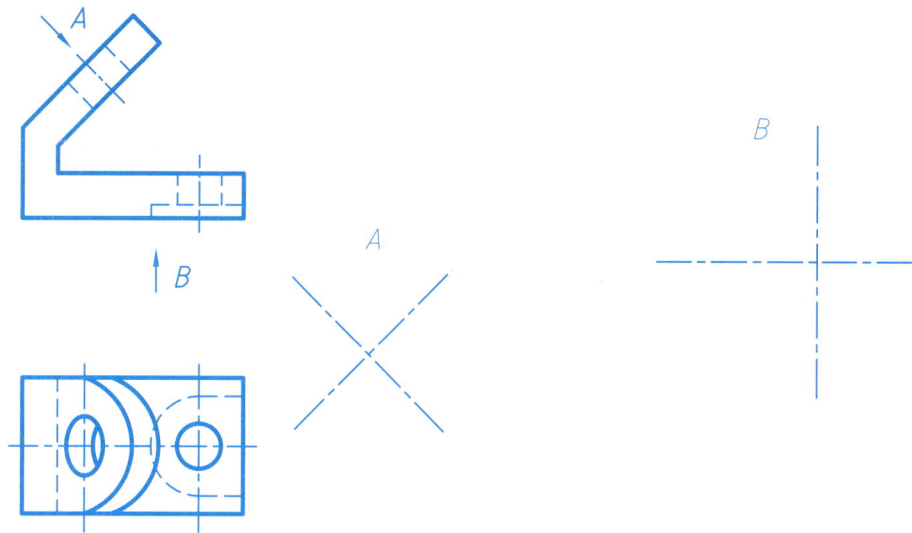

2. 在空白处画出机件的A向斜视图。

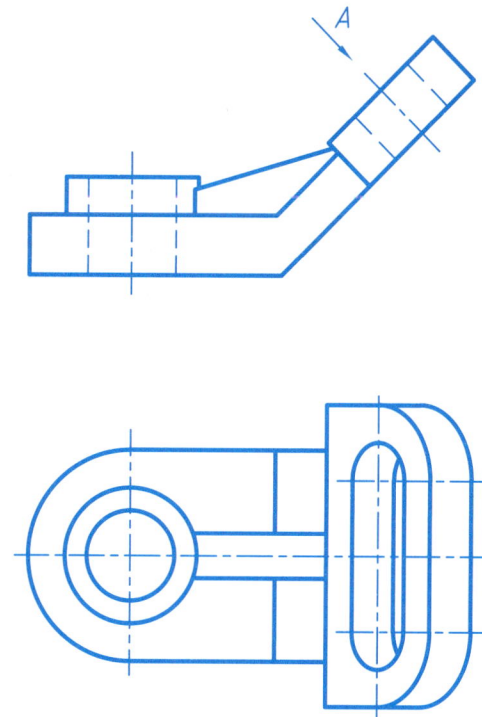

6-3 全剖视图

1. 将主视图画成全剖视图。

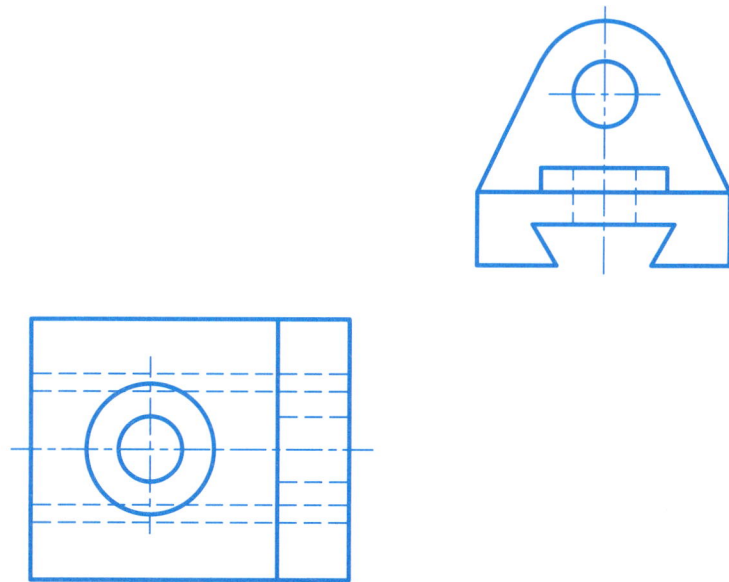

2. 在指定位置将主视图画成全剖视图。

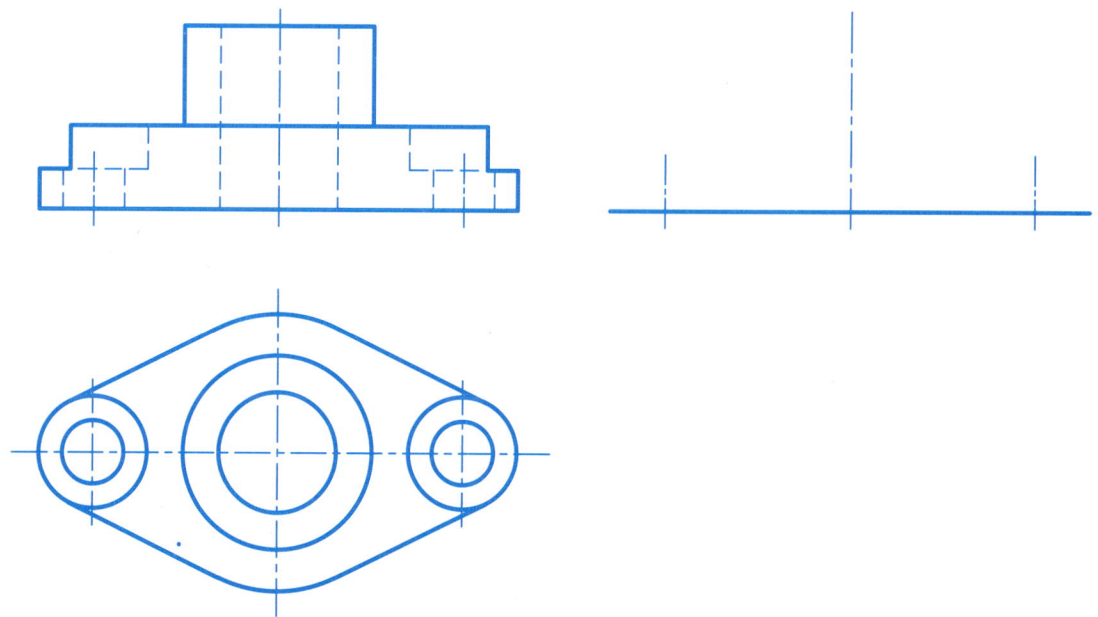

6-3 全剖视图

3. 补全主视图中漏画的图线。

(1)

(2)

(3)

(4)

(5)

(6)

(7)

(8)

4. 把下列物体的主视图在指定位置改画成全剖视图。

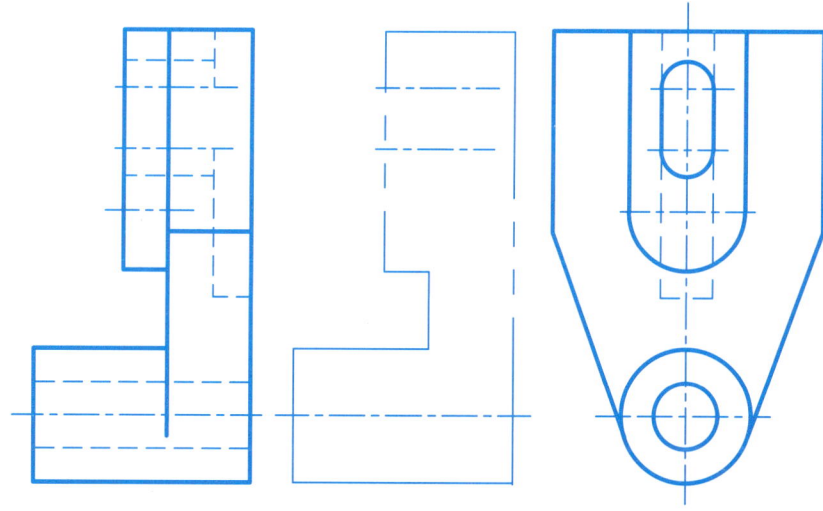

5. 在指定位置将主视图改画成全剖视图。

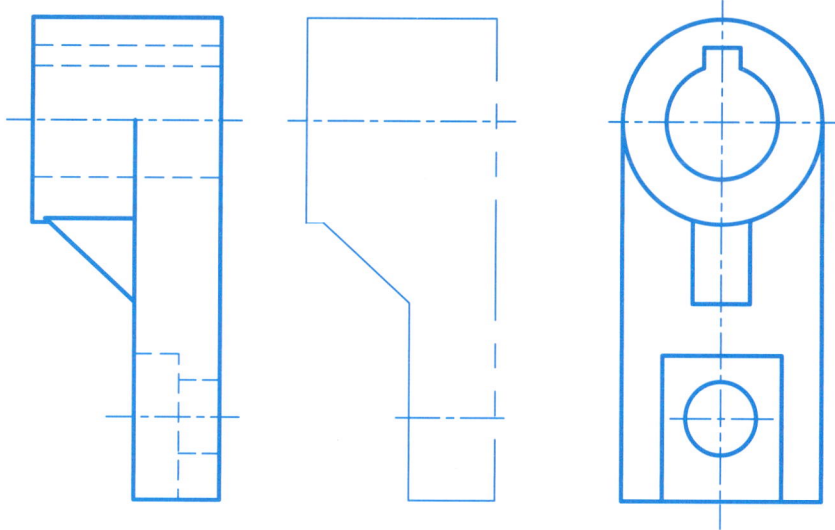

| 专业班级 | 姓名 | 学号 | 41 |

1. 把主视图画成全剖视图，左视图画成半剖视图。

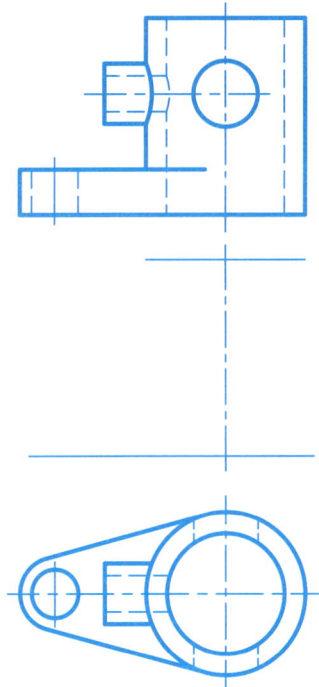

2. 把主视图画成半剖视图，左视图画成全剖视图。

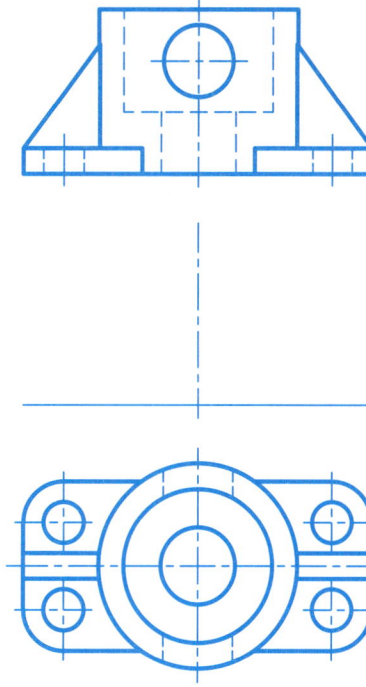

3. 在指定位置将主视图画成半剖视图。

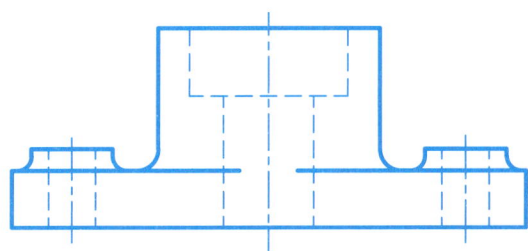

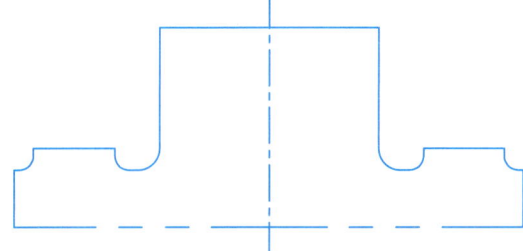

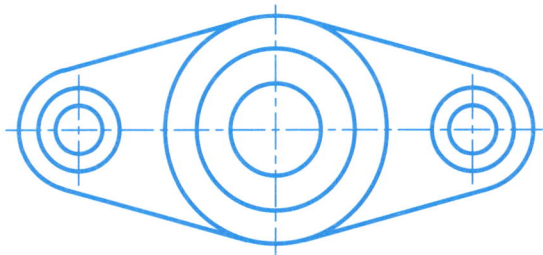

4. 在指定位置将主视图画成半剖视图。

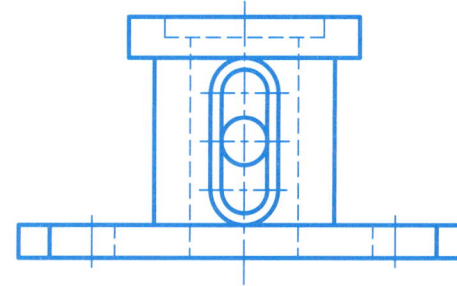

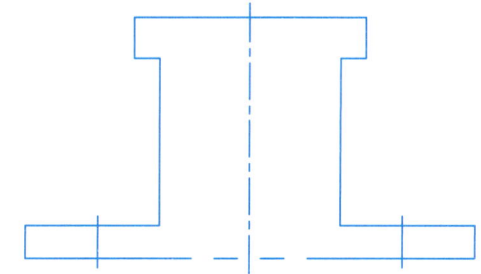

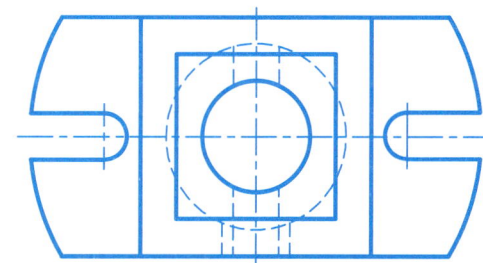

6-5 局部剖视图

1. 在指定位置将主视图改画成局部剖视图。

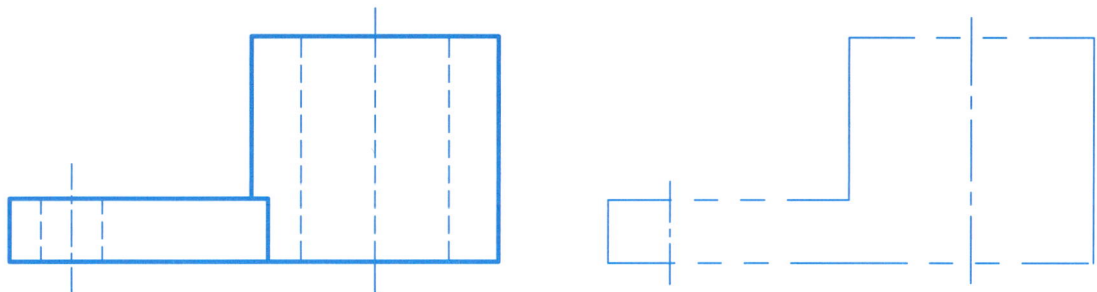

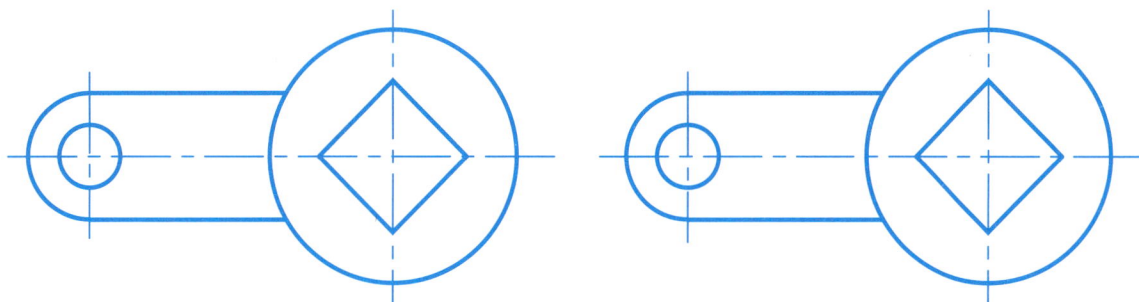

2. 将主、俯视图改画成局部剖视图。

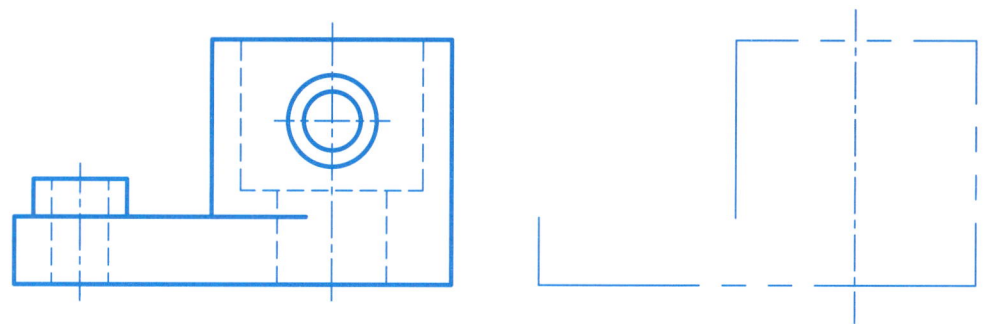

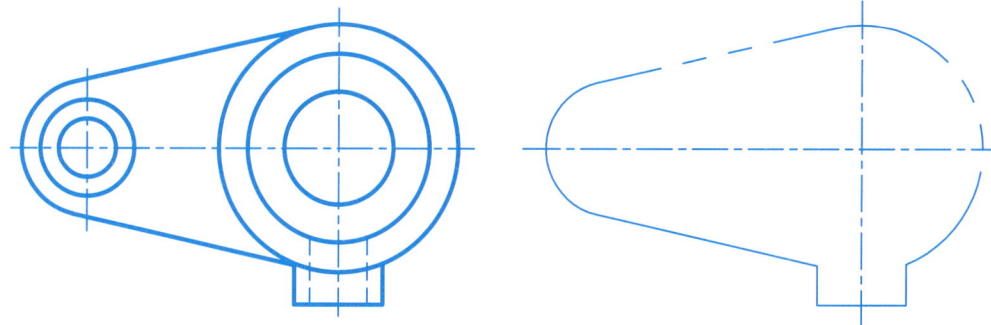

3. 将主、俯视图改画成局部剖视图。

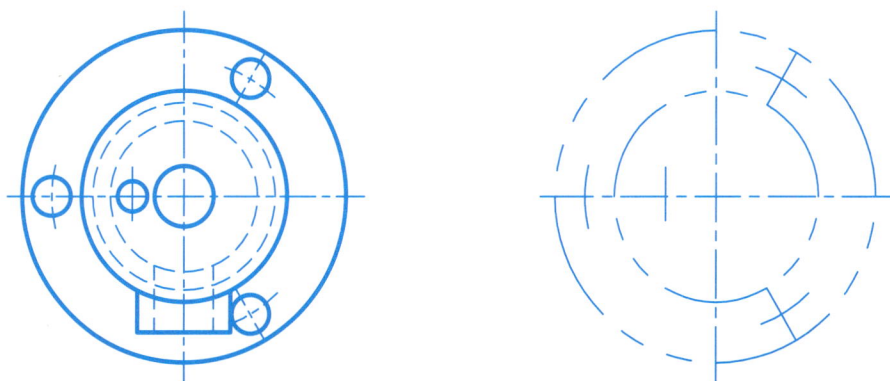

4. 将主、俯视图改画成局部剖视图。

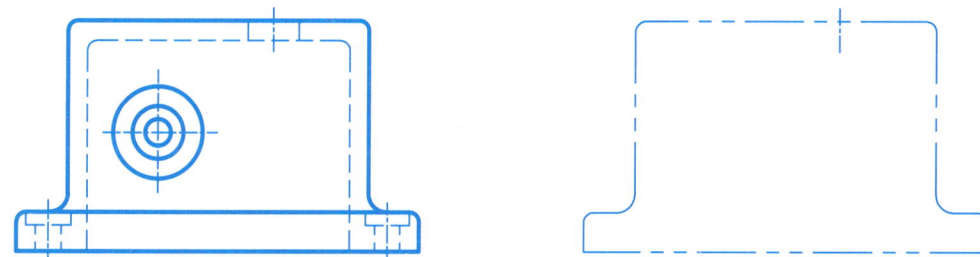

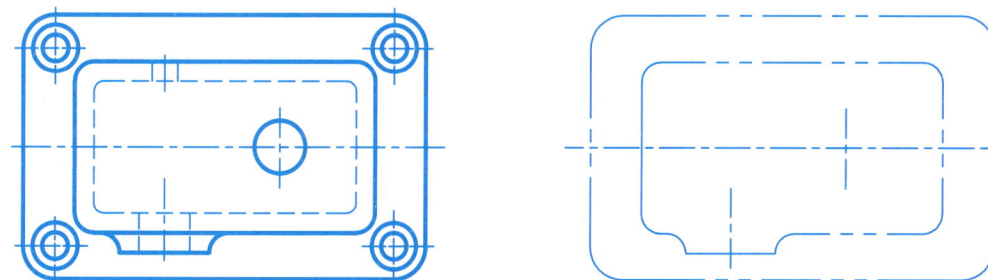

专业班级		姓名		学号		43

6-6 分析、判断半剖视图、局部剖视图的对错

1. 分析下列各组半剖视图表达是否正确，错误的请画"×"。

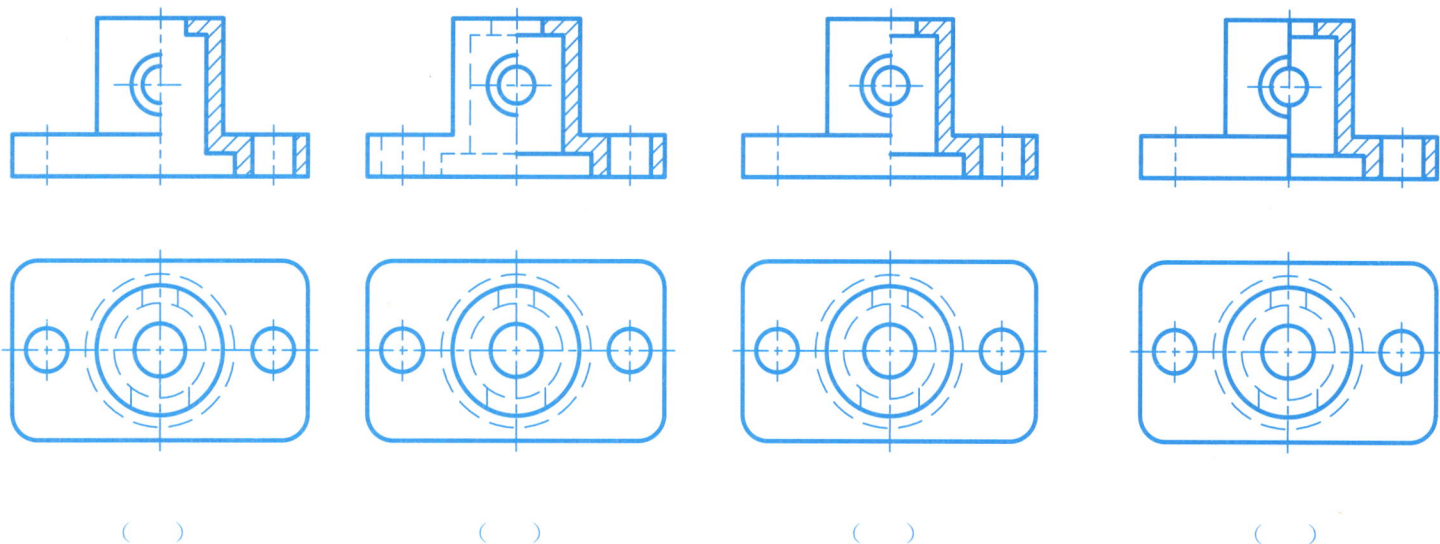

( )　　( )　　( )　　( )

2. 分析下列各组局部剖视图表达是否正确，错误的请画"×"。

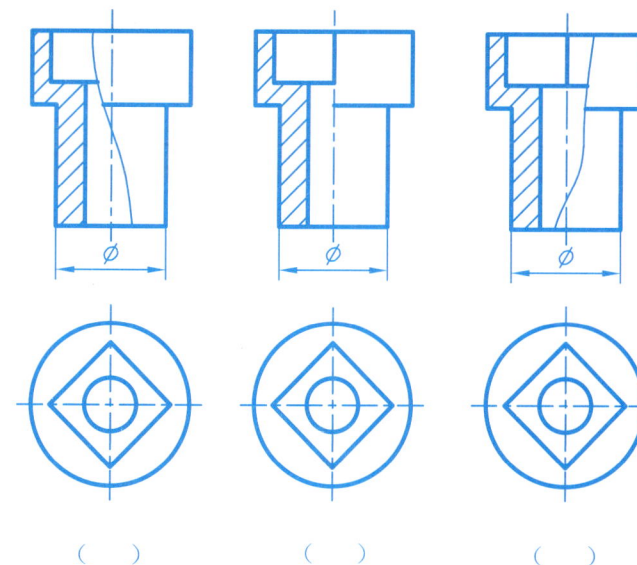

( )　　( )　　( )

3. 已知视图(1)，判断(2)、(3)、(4)各组局部剖视图是否正确，错误的请画"×"。

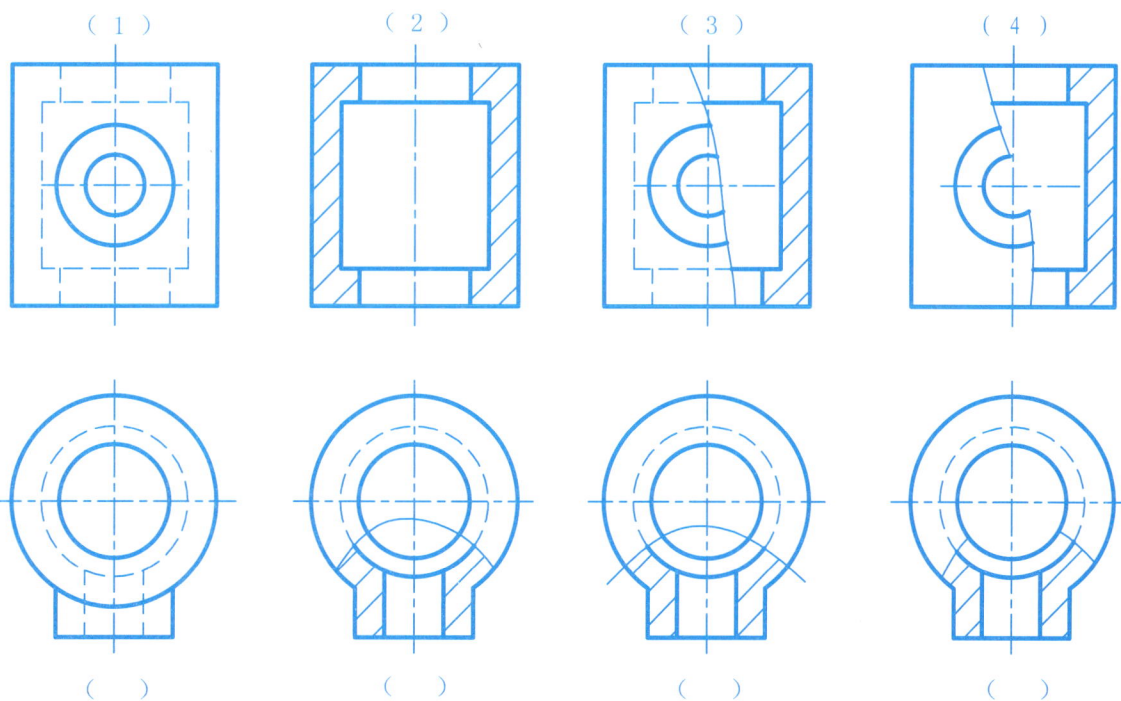

（1）　　（2）　　（3）　　（4）

( )　　( )　　( )　　( )

4. 分析下列各组局部剖视图表达是否正确，错误的请画"×"。

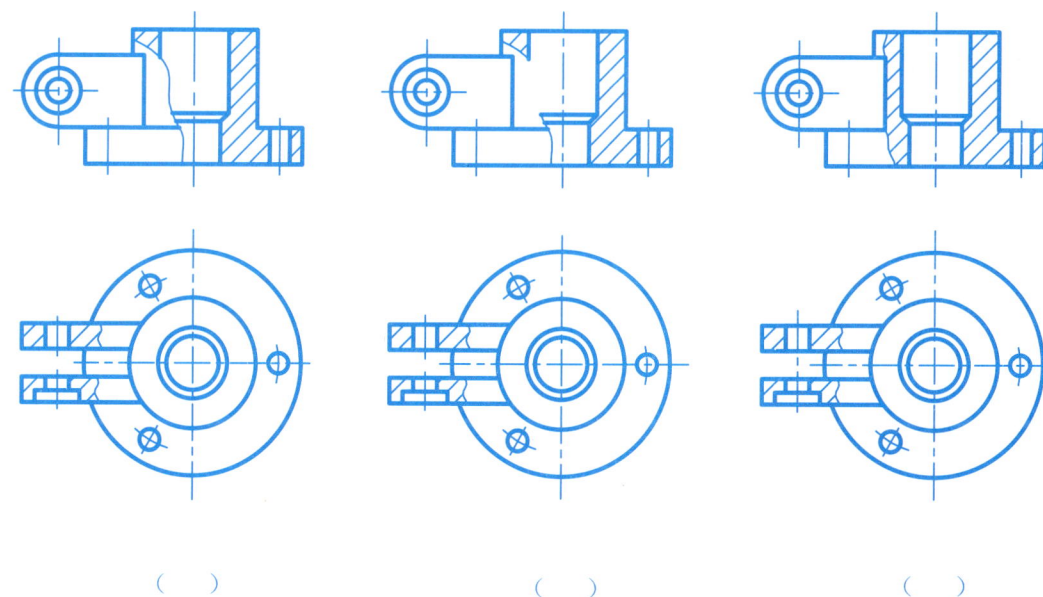

( )　　( )　　( )

6-7 画全剖视图

用两个平行的或相交的剖切平面剖开物体后，将主视图画成全剖视图。

1. 在指定位置将主视图改画成全剖视图。

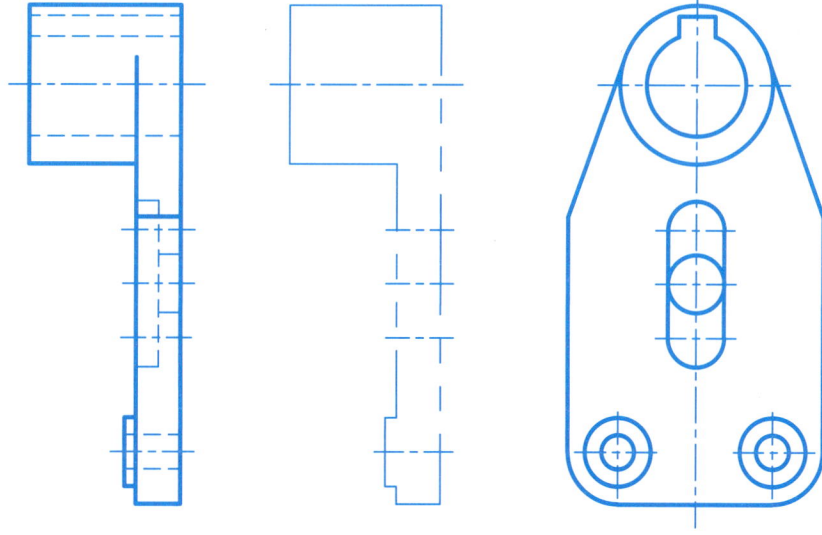

2. 在指定位置将主视图改画成全剖视图。

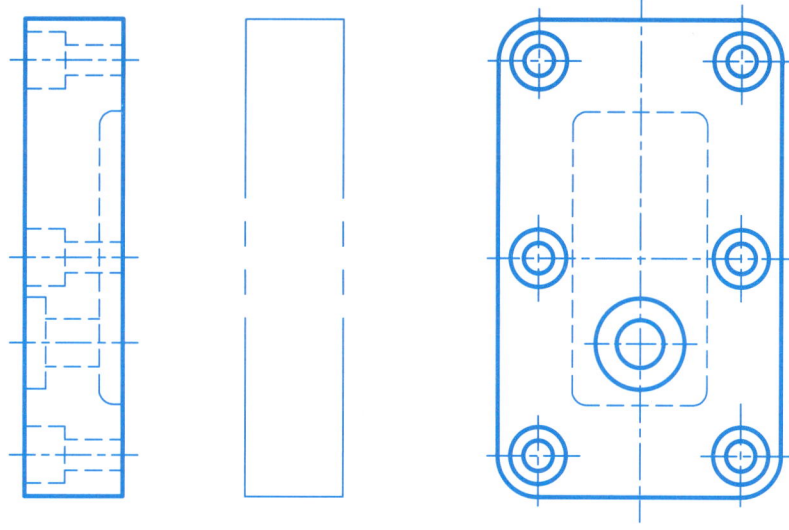

3. 在指定位置将主视图改画成全剖视图。

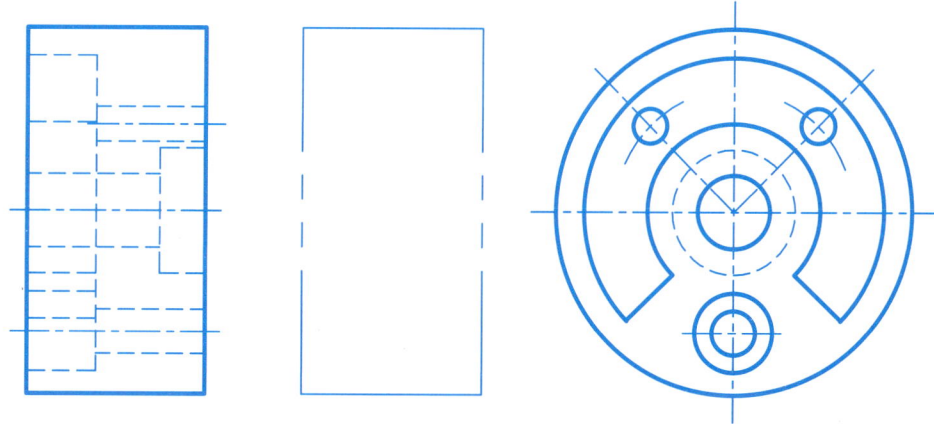

4. 在指定位置将主视图改画成全剖视图。

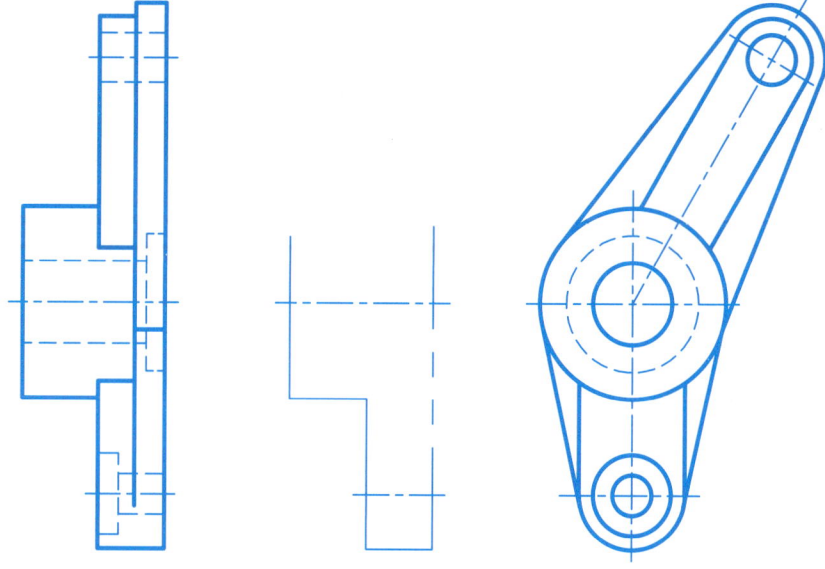

| 专业班级 | 姓名 | 学号 | 45 |

1. 画出$A-A$剖视图。

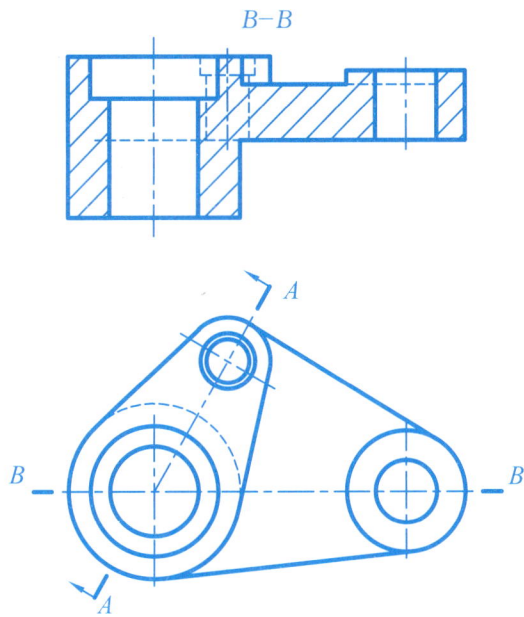

$B-B$

$A-A$（答案一）

$A-A$（答案二）

3. 在指定的位置，画出机件的全剖视图。

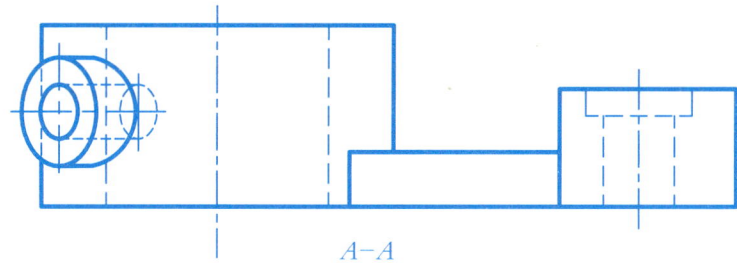

$A-A$

2. 画出$A-A$剖视图。

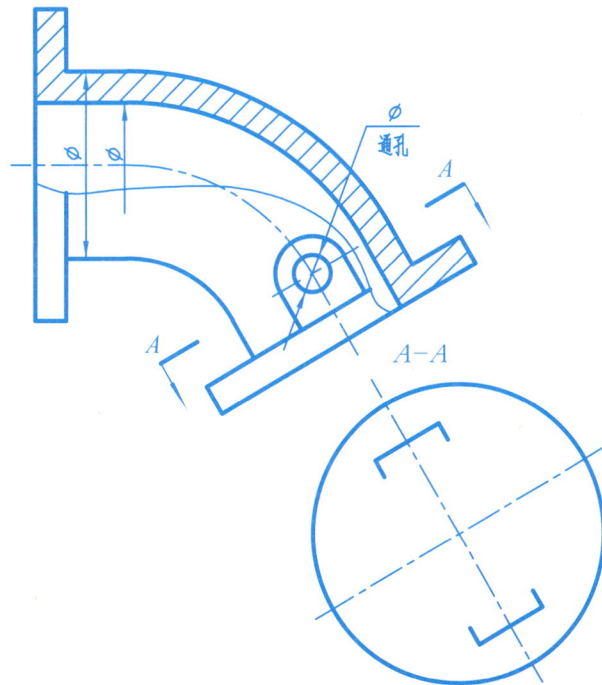

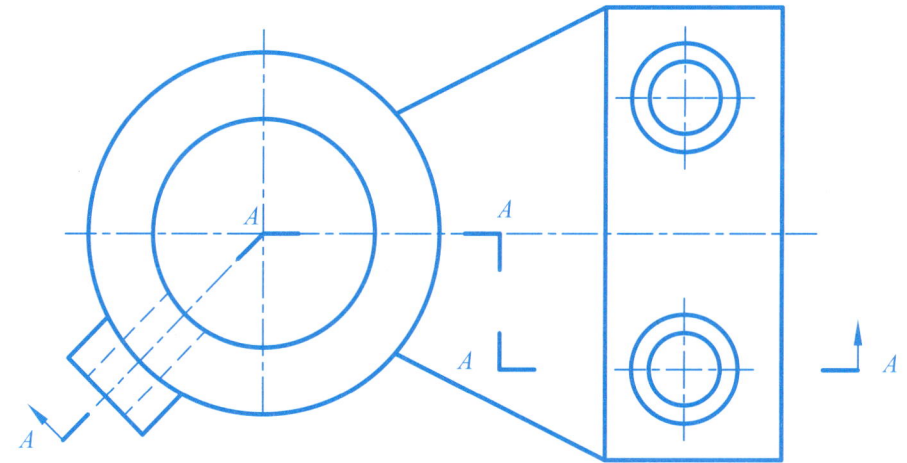

ϕ
通孔
ϕ ϕ

$A-A$

| 专业班级 | 姓名 | 学号 | 46 |

1. 在指定位置将主视图改画成全剖视图。

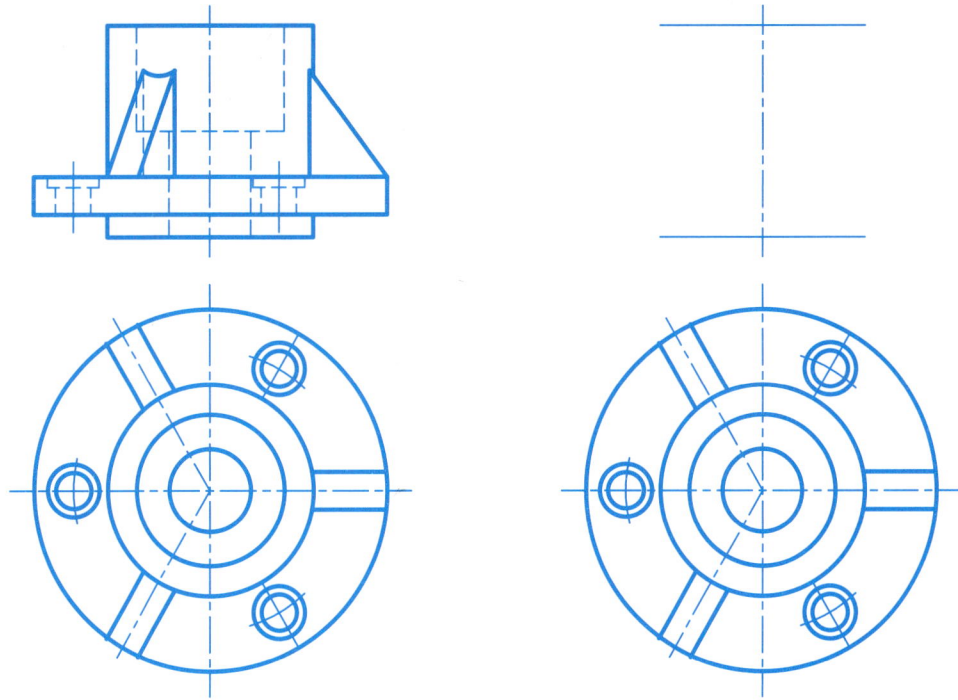

3. 零件的形状前后对称，参照主视图和立体图，确定表达方案，将机件充分表达清楚（比例1：1，尺寸从图中量取或读取）。

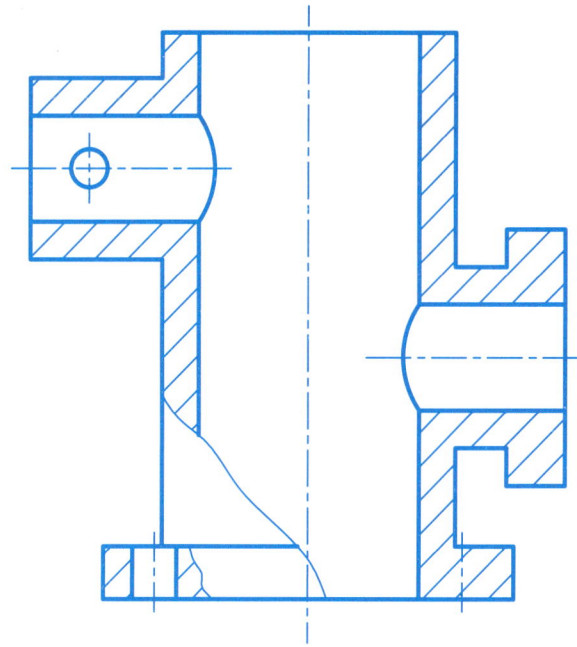

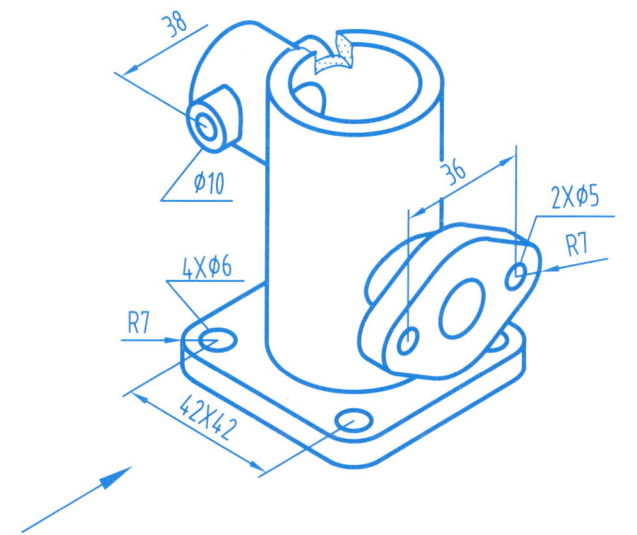

2. 按给出条件用简化画法表达出孔的分布。已知上凸缘均匀分布四个通孔，右侧凸缘均匀分布六个通孔。

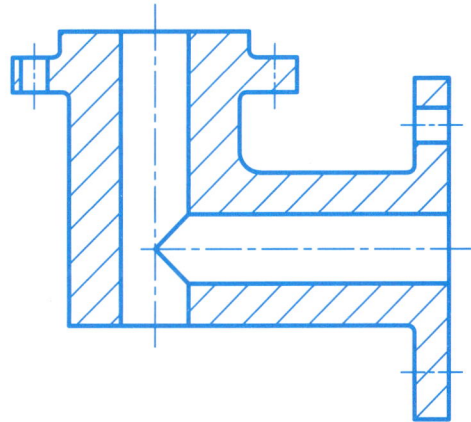

38
φ10
36
2Xφ5
R7
4Xφ6
R7
42X42

| 专业班级 | 姓名 | 学号 | 47 |

6-10 断面图

1. 在指定位置画出重合断面图。

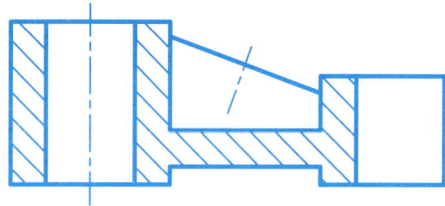

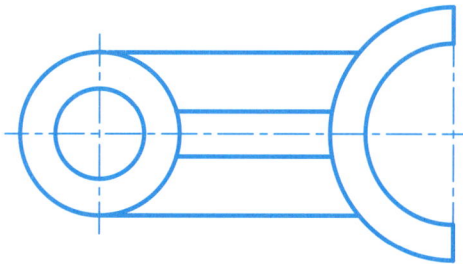

2. 按已给出的剖切位置，作出轴的移出断面图。

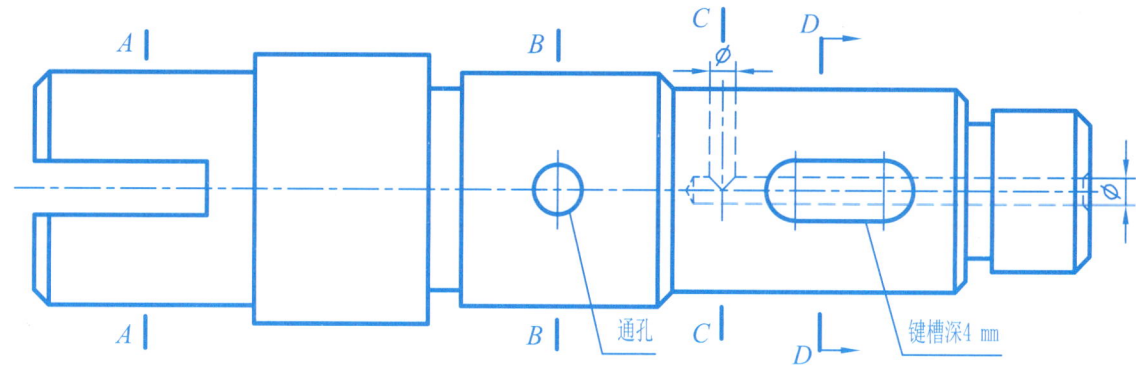

通孔　键槽深4 ㎜

3. 画出A—A断面图。

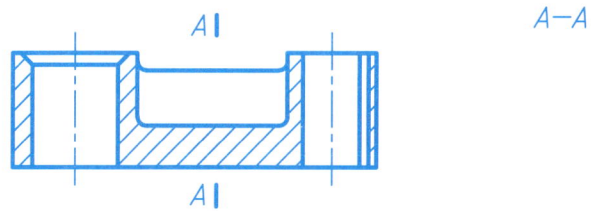

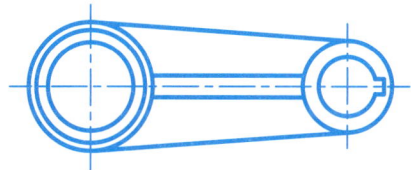

A—A

4. 下列四组移出断面图中，哪一组是正确的？（　　　）

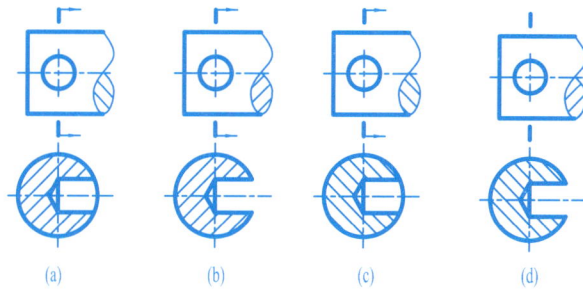

(a)　　(b)　　(c)　　(d)

5. 对四种不同的A—A移出断面图有如下判断，哪一种判断是正确的？
（　　　）。

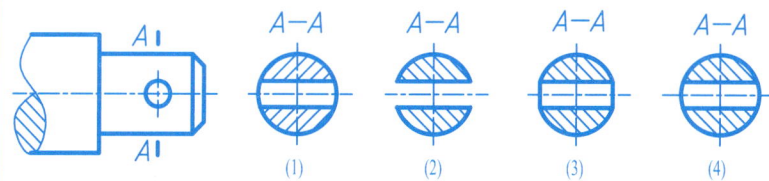

A—A　　A—A　　A—A　　A—A

(1)　　(2)　　(3)　　(4)

(a) (1)、(4) 正确　　(b) (3) 正确　　(c) (1) 正确　　(d) (4) 正确

6. 下列四个重合断面图中，哪一个是正确的？（　　　）

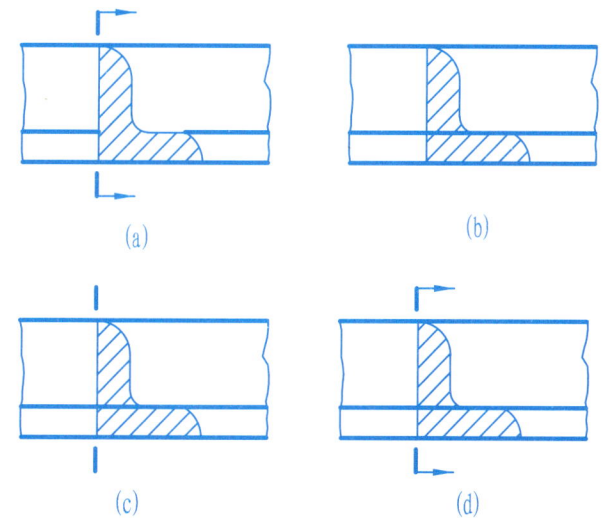

(a)

(b)

(c)

(d)

专业班级　　　姓名　　　学号　　　48

一、目的、内容与要求

1. 目的、内容：根据所给机件的视图，看懂机件的结构并选用适当的表达方法，将视图改画成剖视图、断面图和其他视图，并标注尺寸。本作业共四个小题，不同专业按需要完成其中1个或2个小题。

2. 要求：对指定的机件选择恰当的表达方法，将机件的内外形状表达清楚。

二、图名、图幅、比例

1. 图名：表达方法综合应用。

2. 图幅：A3图纸。

3. 比例：自定（1：1或1：2）。

三、绘图步骤与注意事项

1. 对所给视图进行形体分析，在此基础上选择表达方案。

2. 根据图幅和比例，合理布置各视图的位置。

3. 根据表达方案，逐步改画出各视图（剖视图、断面图和其他视图等），并标注尺寸，完成底稿。

4. 仔细检查、校核后，用铅笔加深。

5. 图面质量与标题栏填写的要求同前面的作业。

1.

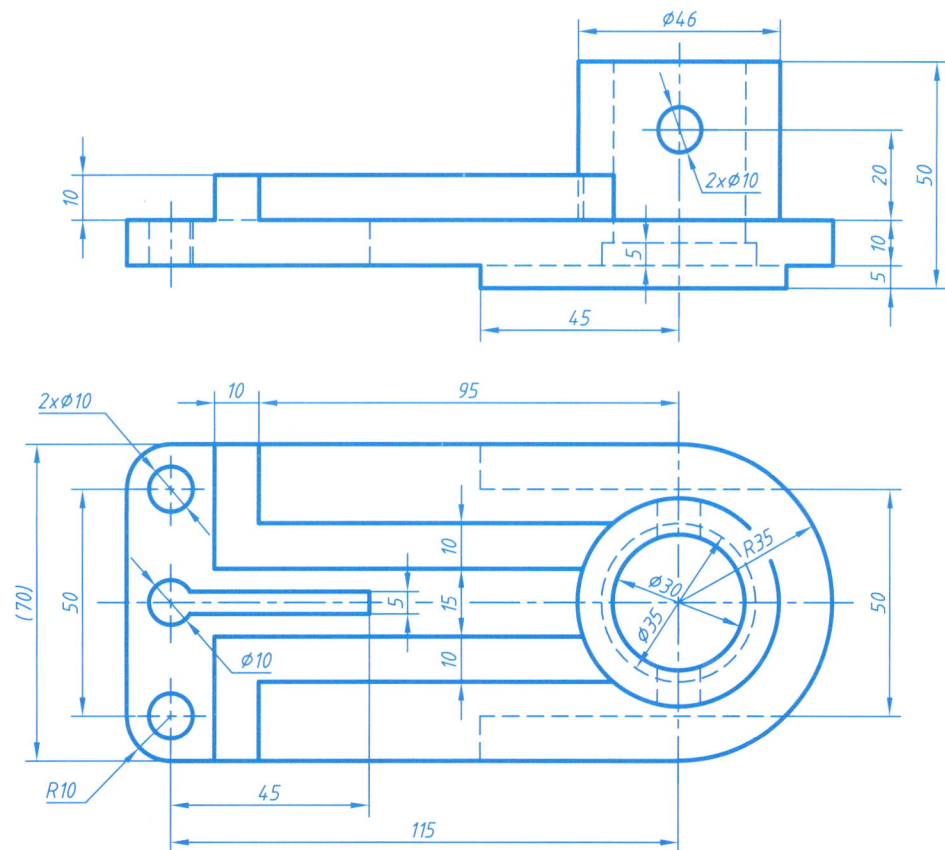

2.

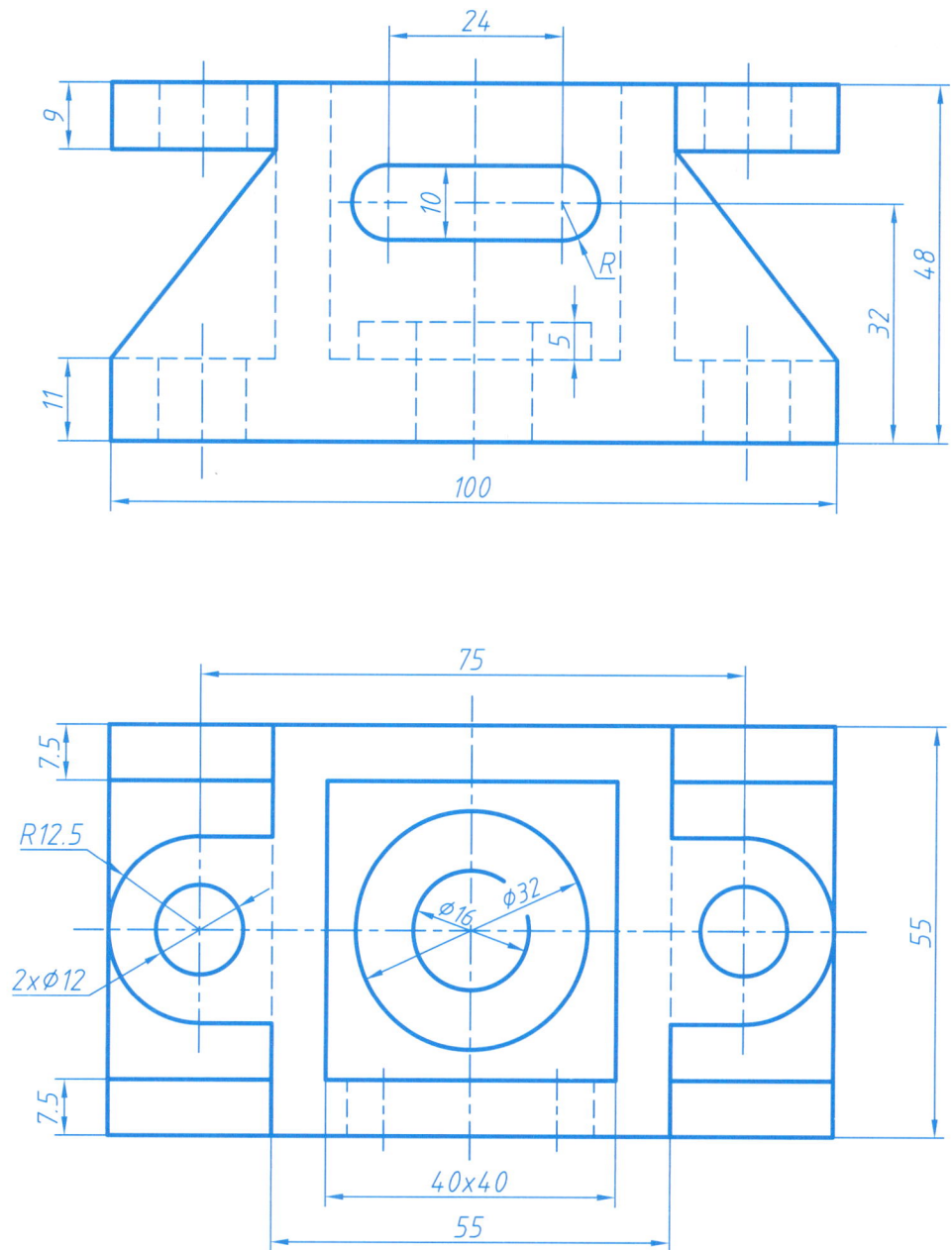

| 专业班级 | | 姓名 | | 学号 | | 49 |

3.

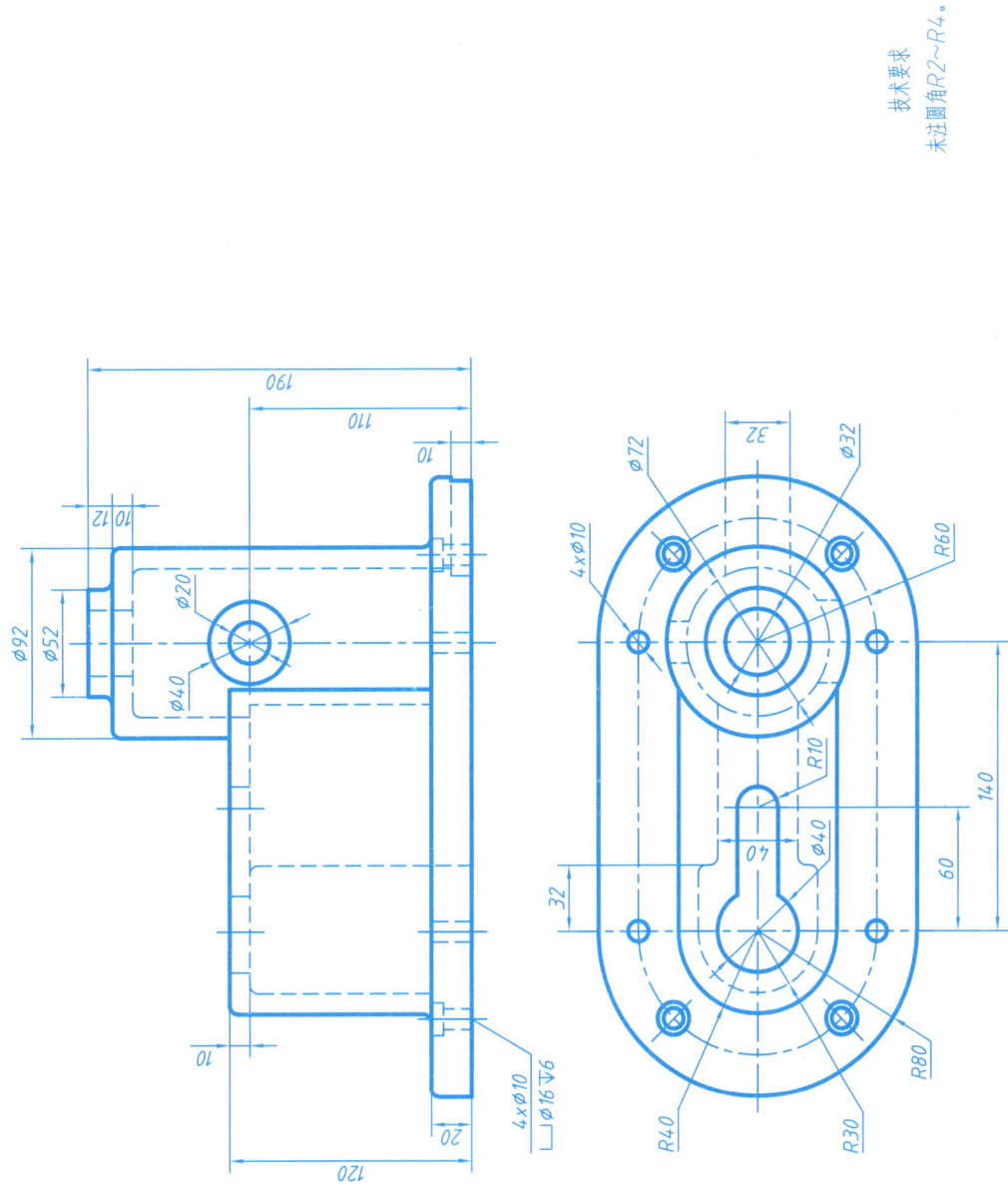

技术要求
未注圆角R2~R4。

4.

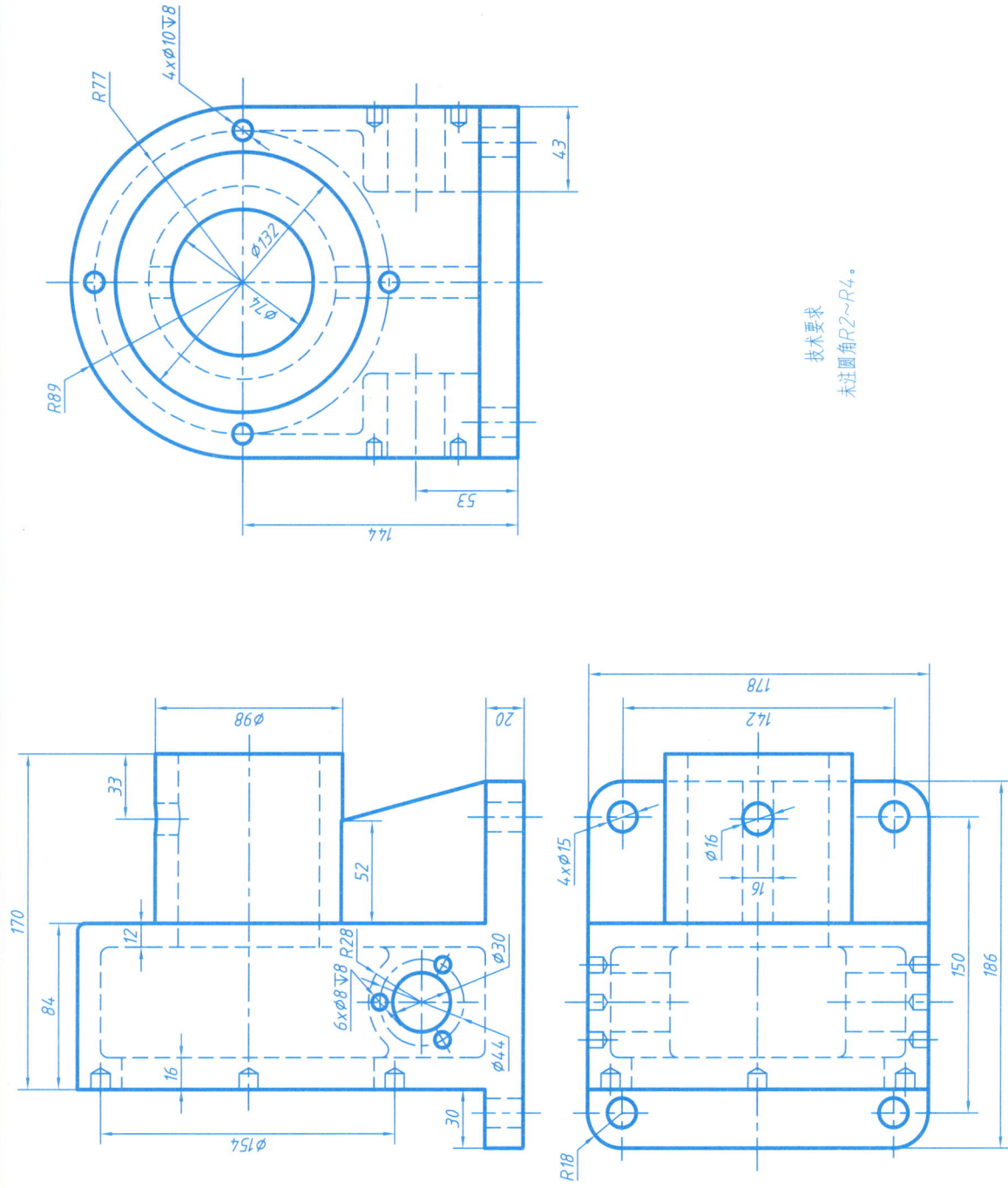

技术要求
未注圆角R2~R4。

| 专业班级 | | 姓名 | | 学号 | | 50 |

7-1　螺纹的规定画法

1.分析下列错误画法，并将正确的图形画在下边的空白处。

(1)

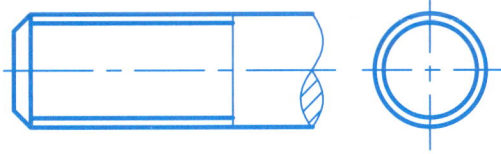

(2)

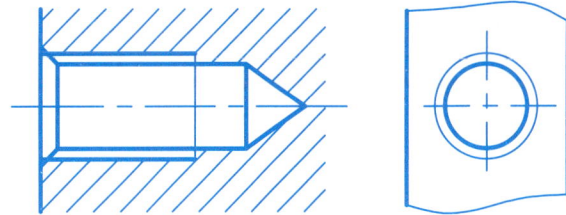

(3)

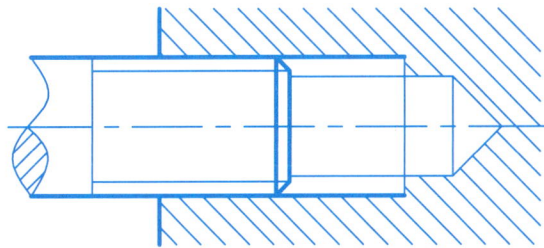

(4)

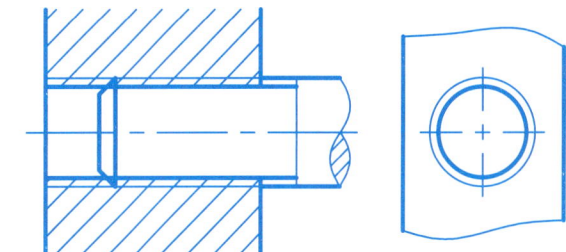

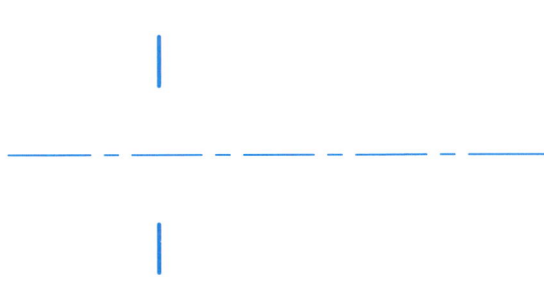

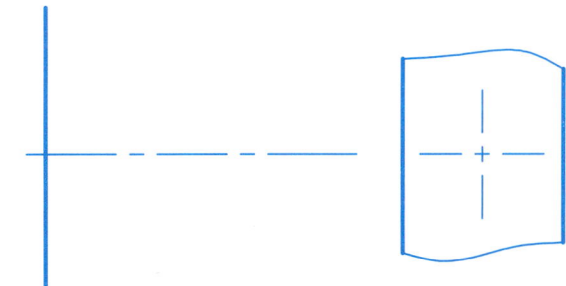

2. 按规定画法，参考教材图7-6（a）及图7-7（a），绘制螺纹的主、左两视图（1:1），可不画螺尾。

（1）外螺纹：粗牙普通螺纹M24 mm，螺纹长35 mm，螺杆长画55 mm后断开，螺纹倒角C2。

（2）内螺纹：粗牙普通螺纹M24 mm，螺纹长30 mm，孔深42 mm，螺纹倒角C2。

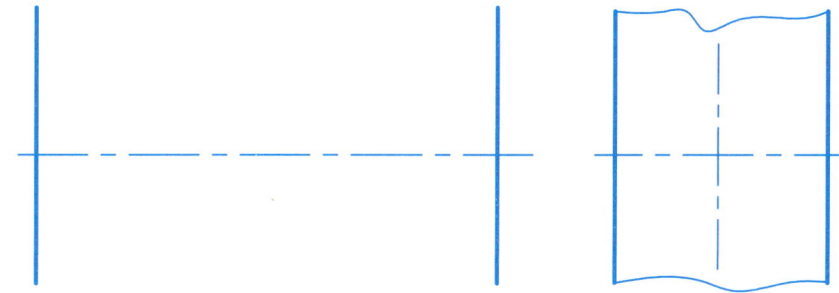

（3）将题(1)的外螺纹调头，旋入题（2）的螺孔内，旋合长度为20 mm，参考教材图7-9，作旋合后的主视图。

7-2 螺纹的标注

1.在图上注出下列螺纹的规定标记。

（1）粗牙普通螺纹：公称直径为30 mm，螺距为3.5 mm，单线，右旋，中等旋合长度，中径和顶径公差带代号均为6h。

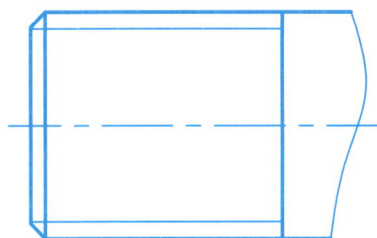

（2）细牙普通螺纹：公称直径为24mm，螺距为1.5mm，双线，左旋，短旋合长度，中径和顶径公差带代号均为6H。

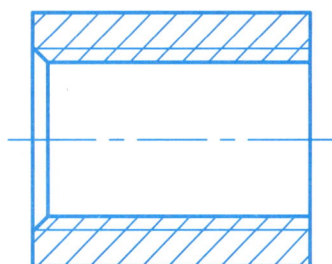

（3）梯形螺纹：公称直径为24 mm，导程为12 mm，双线，左旋，中径公差带代号为7e，中等旋合长度。

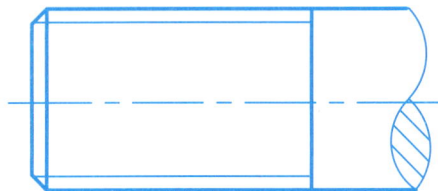

（4）用螺纹密封的管螺纹，尺寸代号为3/4。

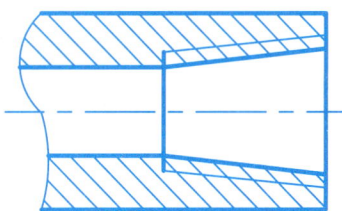

2.根据螺纹的标注，查表填空。

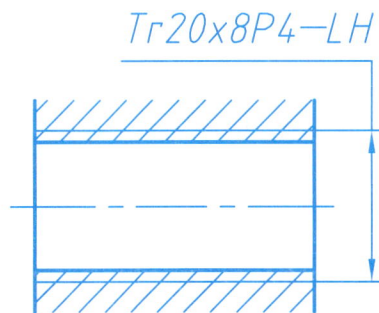

Tr20x8P4-LH

G1/2

（1）该螺纹为_____螺纹；
　　公称直径为_____mm；螺距为_____mm；
　　线数为_____；旋向为_____。

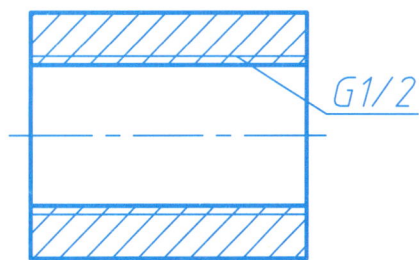

（2）该螺纹为_____螺纹；
　　尺寸代号为_____；螺距为_____mm；
　　旋向为_____。

7-3 螺纹紧固件

1.查表填写下列各紧固件的尺寸。

（1）六角头螺栓：螺栓 GB/T 5782—2000 M16×65。

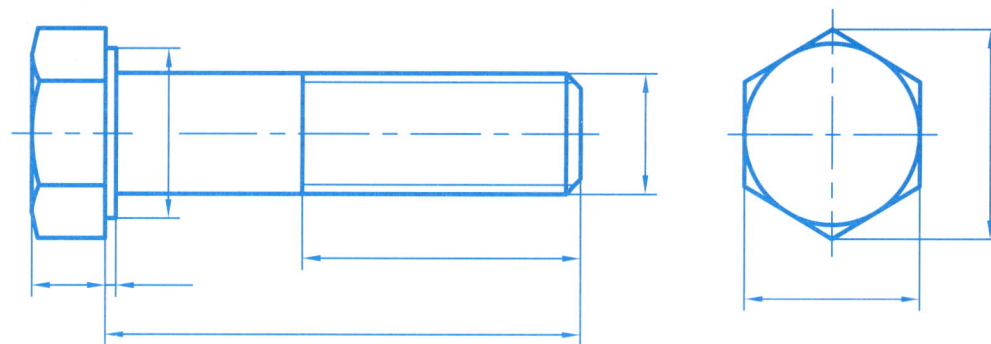

（2）开槽沉头螺钉：螺钉 GB/T 68—2000 M10×50。

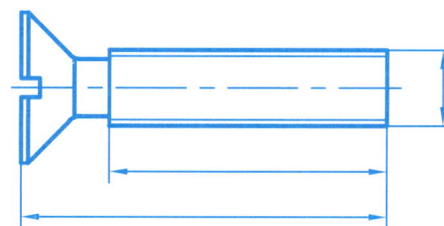

2.根据所注规格尺寸，查表写出各紧固件的规定标记。

（1）A级的1型六角螺母。

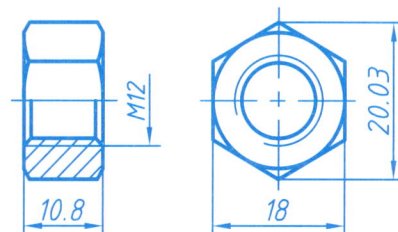

M12　20.03　10.8　18

（2）A级的平垫圈。

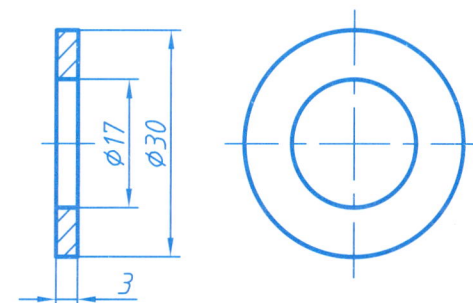

⌀17　⌀30　3

规定标记：_____

规定标记：_____

专业班级		姓名		学号		52

7-3 螺纹紧固件

3.查表画出下列螺纹紧固件，并注出螺纹的公称直径和螺栓、螺钉的长度或螺母的厚度。

（1）已知螺栓 GB/T 5782—2000 M24×80。画出轴线水平放置、头部朝左的主、左两视图（1:1）。

（2）已知螺母 GB/T 6170—2000 M24。画出轴线水平放置的主、左两视图（1:1）。

（3）已知开槽圆柱头螺钉 GB/T 65—2000 M8×30。画出轴线水平放置、头部朝左的主、左两视图（2:1）。

7-4 螺纹紧固件连接的画法

1.下列四组螺钉的画法，正确的有（　　）

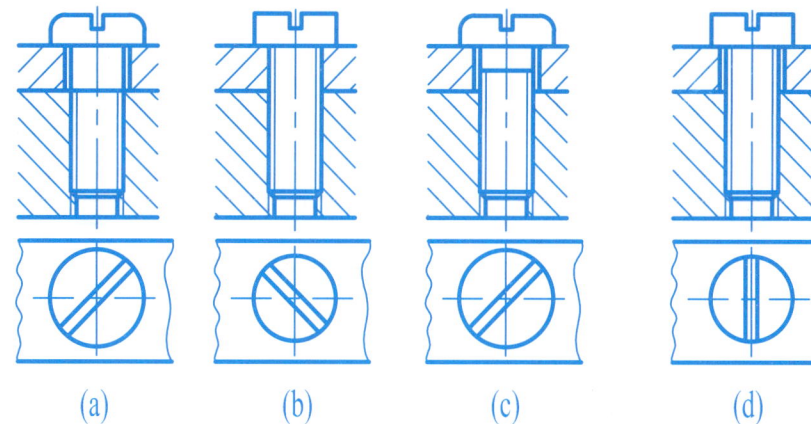

| (a) | (b) | (c) | (d) |

A.(a)(c) 正确　　　B.(b)(d) 正确　　　C.(c) 正确　　　D.(b) 正确

2.找出下列螺栓连接的画法错误，并在指定位置画出正确的图形。

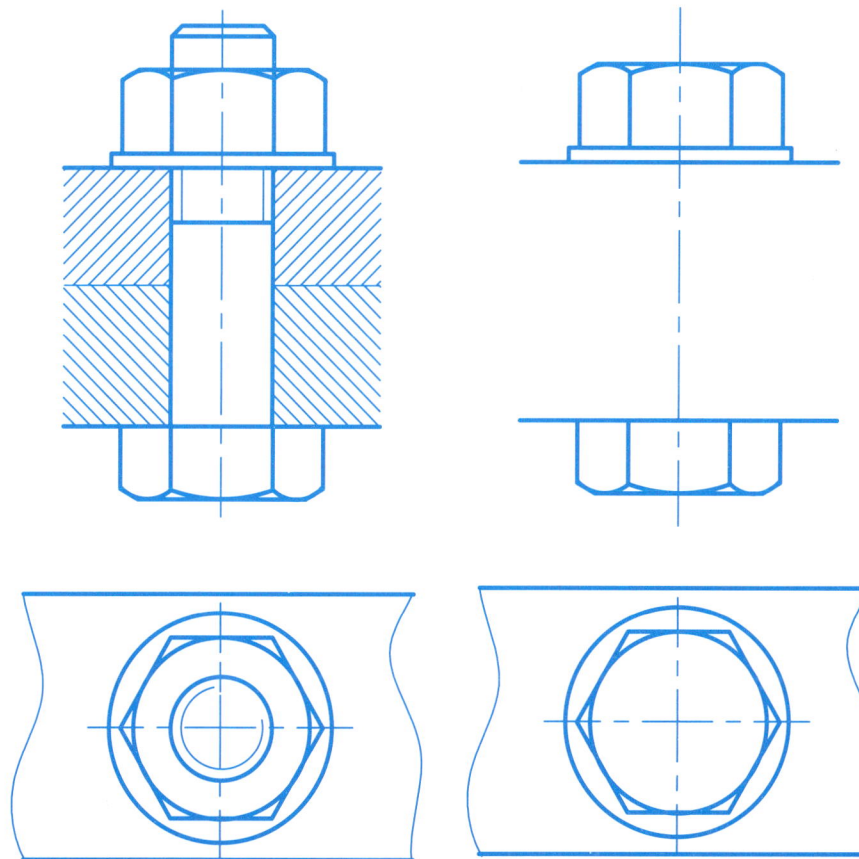

3.已知螺柱 GB/T 898—1988 M16×40,螺母 GB/T 6170—2000 M16，垫圈 GB/T 97.1—2000 16。用比例画法作出连接后的主、俯视图（1:1）。

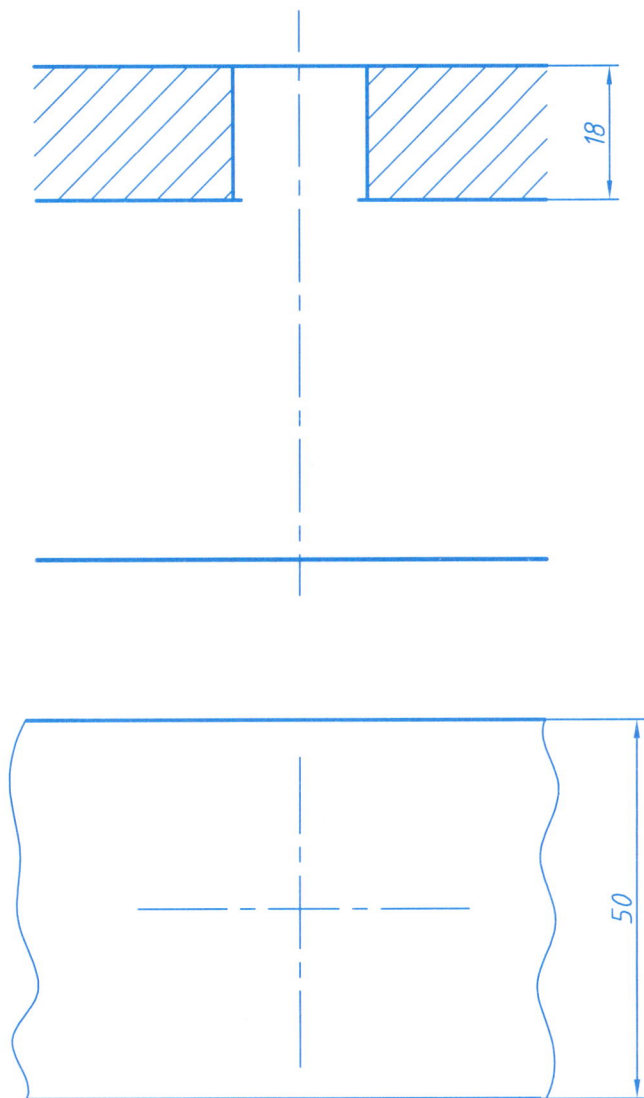

4.已知螺钉 GB/T 67—2008 M8×30，用比例画法作出连接后的主、俯视图（2:1）。

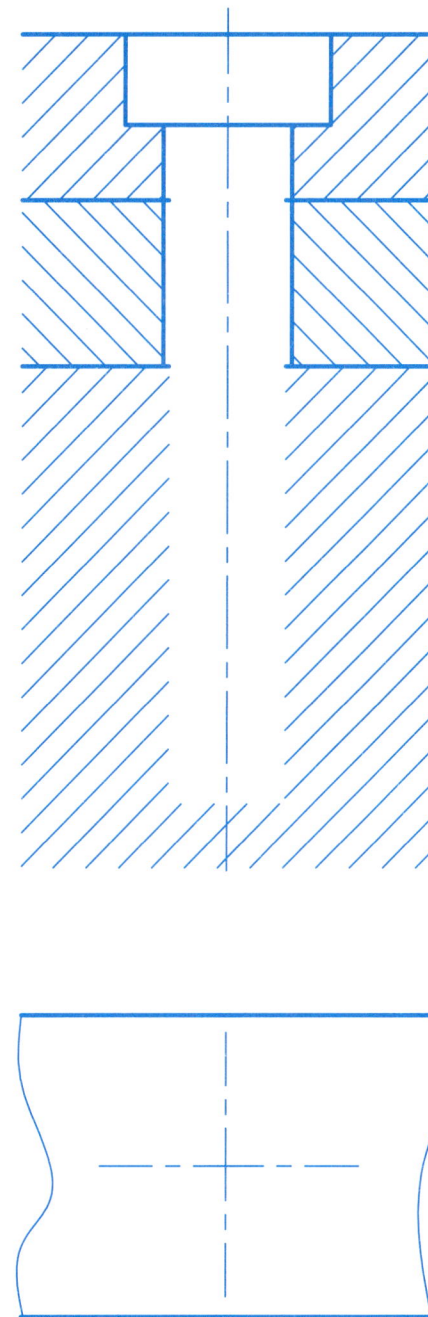

7-5 直齿圆柱齿轮的规定画法

1. 已知直齿圆柱齿轮模数 $m = 5$，齿数 $z = 40$，试计算该齿轮的分度圆、齿顶圆和齿根圆的直径。用 1:2 的比例完成下列两视图，并补全图中所缺的有关尺寸（除需要计算的尺寸外，其他尺寸从图中量取，取整数，各倒角均为 C1）。

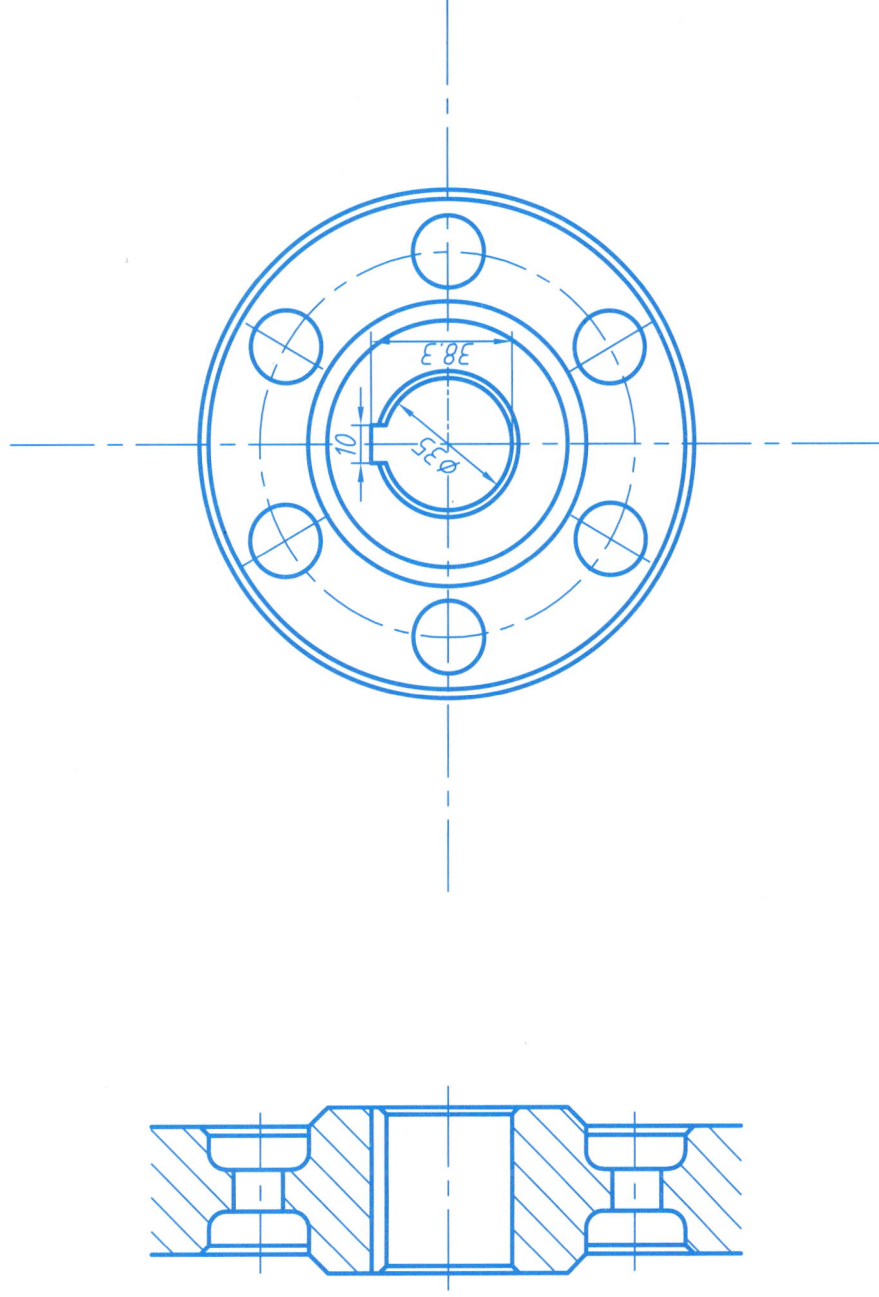

2. 已知大齿轮模数 $m = 4$，齿数 $z_1 = 38$，两齿轮的中心距 $a = 116$ mm。试计算大小两齿轮的分度圆、齿顶圆和齿根圆的直径及传动比，用 1:2 的比例完成下列直齿圆柱齿轮的啮合画图，将计算公式写在图中空白处。

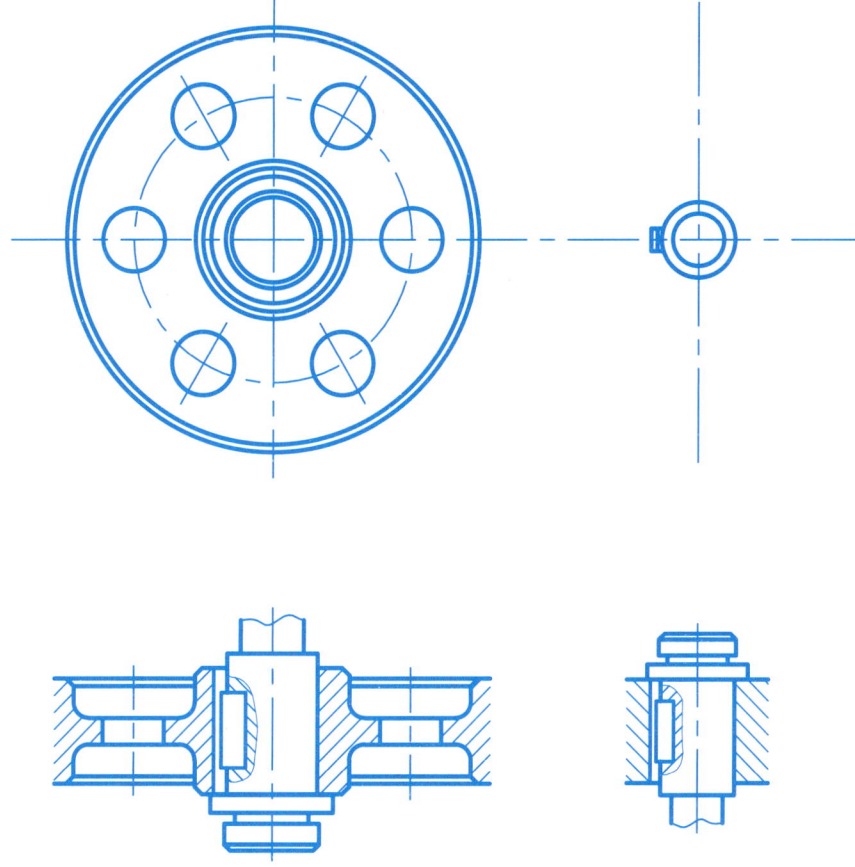

| 专业班级 | | 姓名 | | 学号 | | 55 |

1. 已知齿轮和轴，用A型普通平键连接，轴孔直径为25 mm，键的长度为25 mm。
   (1) 写出键的规定标记。
   (2) 查表确定键和键槽的尺寸，用1：1的比例画全下列各视图和断面图，并标注键槽的尺寸。

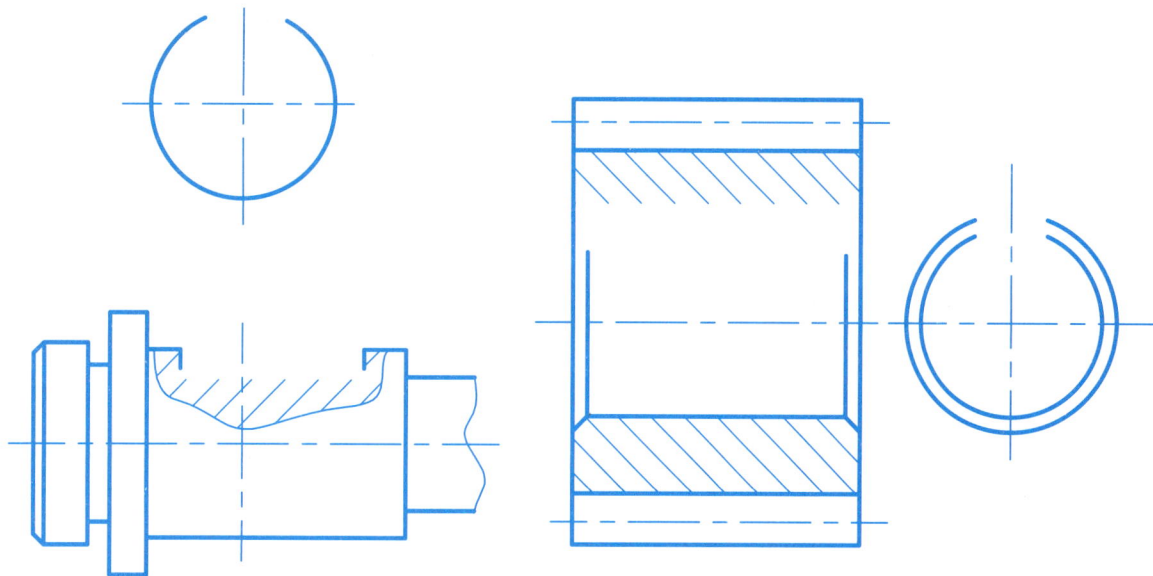

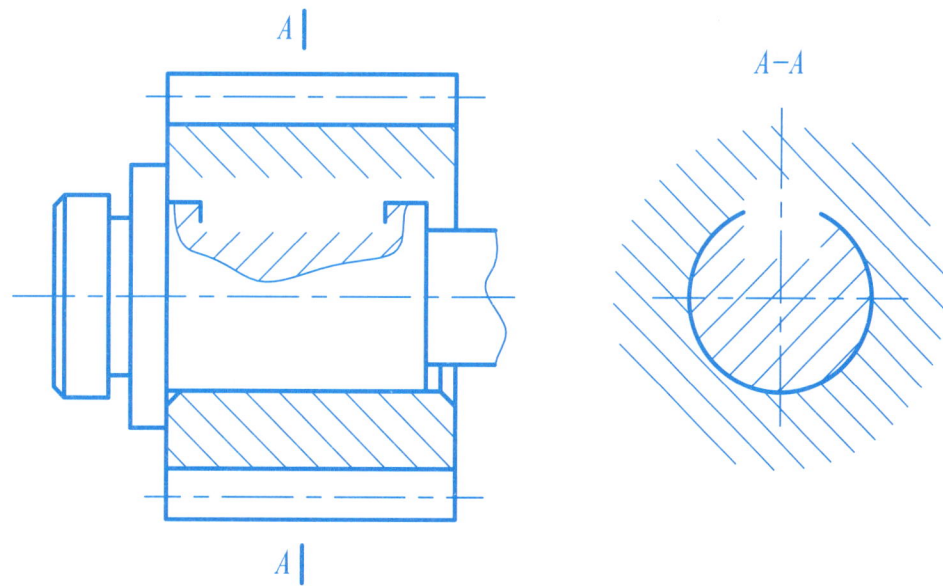

2. 已知阶梯轴两端支承轴肩处的直径分别为25 mm和15 mm，用1：1的比例以规定画法画全支承处的深沟球轴承。

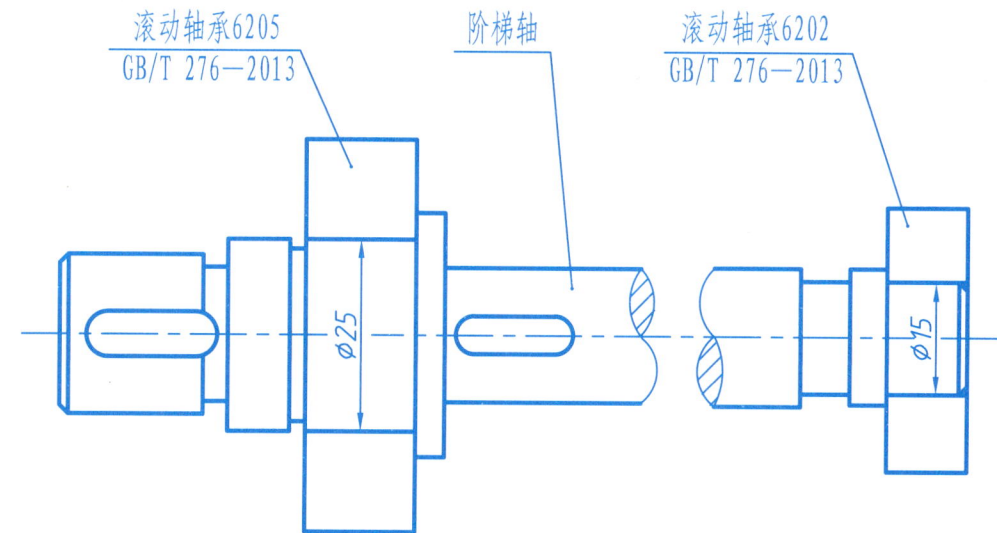

滚动轴承6205
GB/T 276—2013

阶梯轴

滚动轴承6202
GB/T 276—2013

$\phi 25$

$\phi 15$

3. 已知圆柱螺旋压缩弹簧的材料直径$d = 10$ mm，弹簧中径$D = 45$ mm，自由高度$H_0 = 130$ mm，有效圈数$n = 7.5$，支承圈数$n_2 = 2.5$，右旋。用1：1的比例画出弹簧的全剖视图（轴线水平放置）。

A|

$A-A$

A|

键的规定标记为 _____。

| 专业班级 | | 姓名 | | 学号 | | 56 |

8-1 零件表面结构要求

1.按照轴测图和表中所给的表面结构要求，在图样中进行标注。

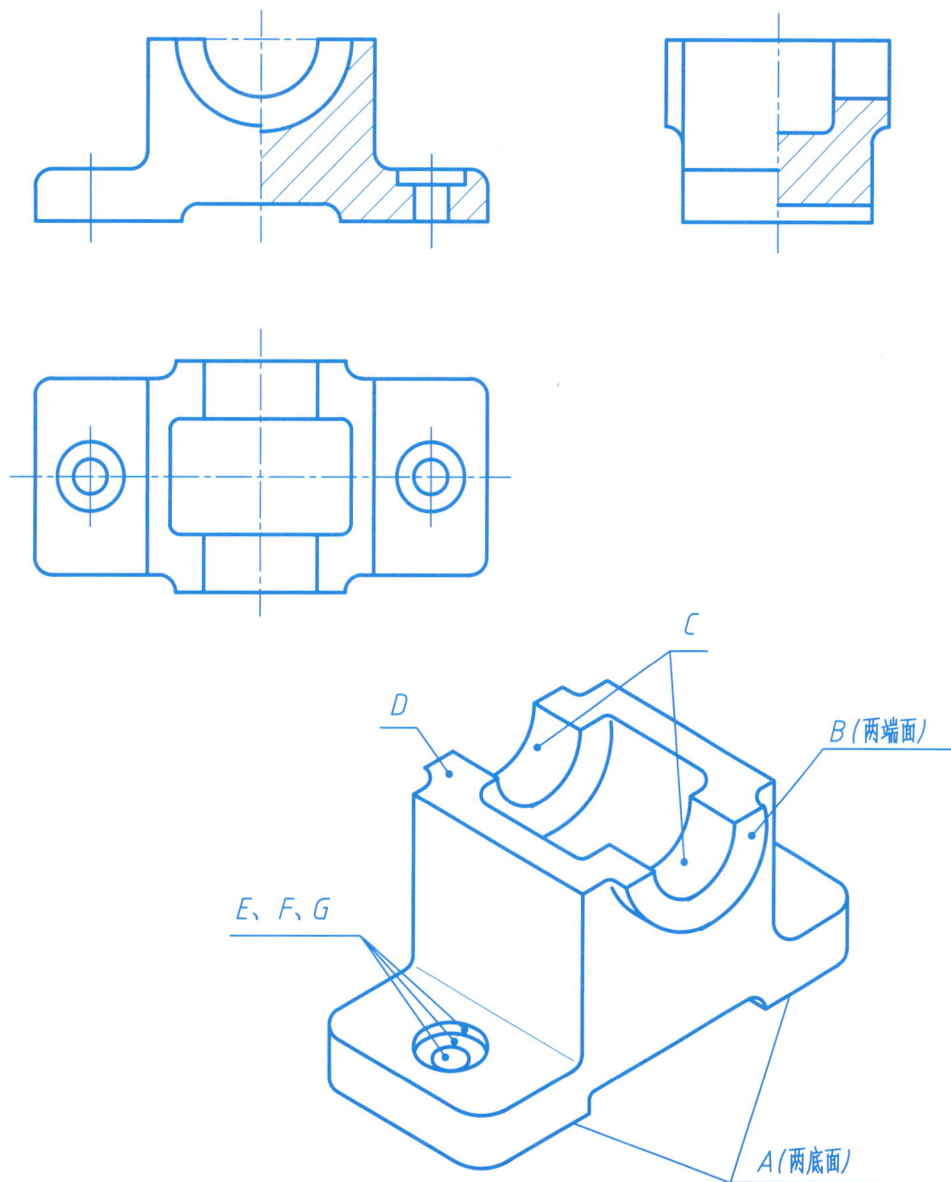

2.根据表中所给的表面结构要求，在图样中进行标注。

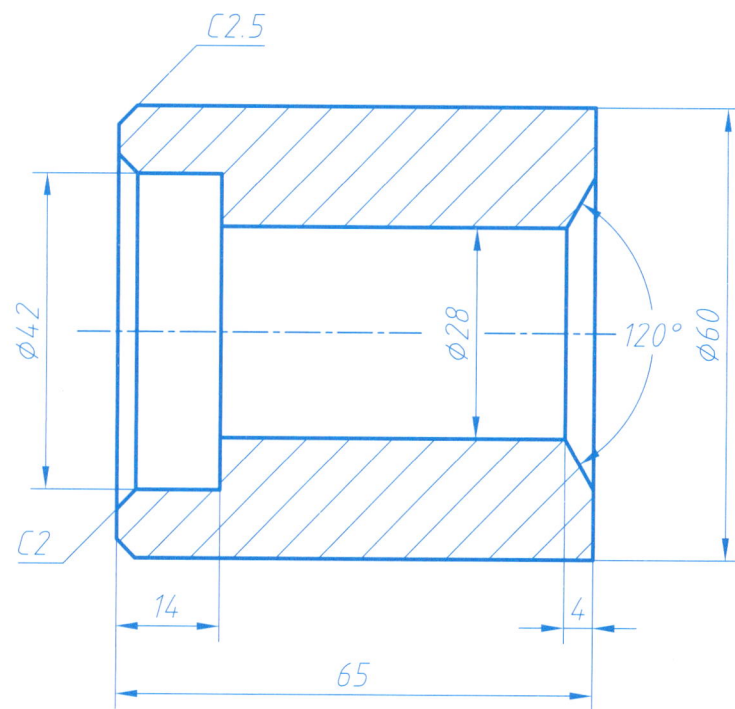

C

D

B(两端面)

E、F、G

A(两底面)

C2.5

∅42

∅28

120°

∅60

C2

14

4

65

表 面	A、B	C	D	E、F、G	其余
表面结构要求	√ Ra 6.3	√ Ra 1.6	√ Ra 3.2	√ Ra 12.5	毛坯面

表 面	120°锥面	∅42圆柱面	∅28圆柱面	∅60圆柱面	左端面	右端面	其余
表面结构要求	√ Ra 6.3	√ Ra 3.2	√ Ra 0.8	√ Ra 1.6	√ Ra 3.2	√ Ra 6.3	√ Ra 12.5

专业班级	姓名	学号	57

8-2 极限与配合、几何公差

1. 根据装配图中的配合代号，查表后在零件图中注出轴和孔的公称尺寸和上、下极限偏差，并填空指出配合制度和配合种类。

   (1) 齿轮内孔和轴的配合采用基_____制，是_____配合。

   (2) 圆柱销和轮毂上销孔采用基_____制，是_____配合。

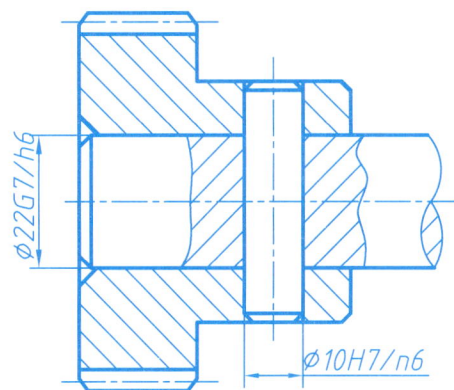

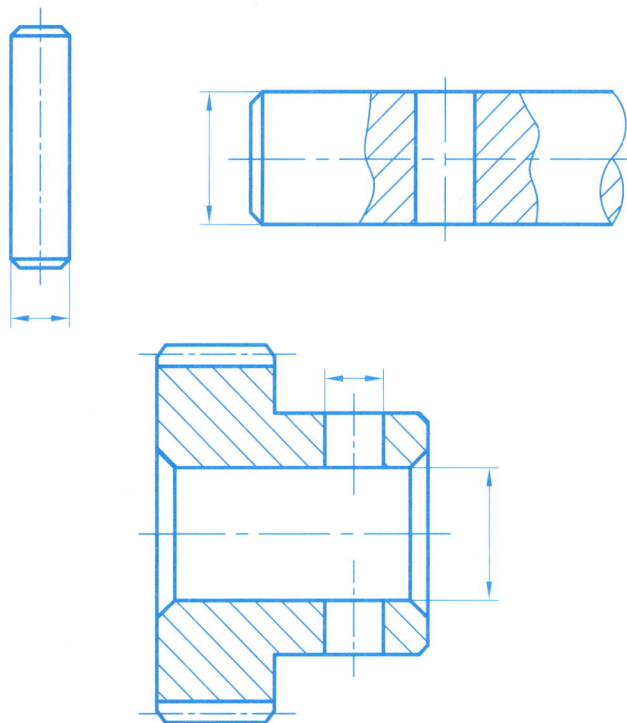

2. 根据装配图中的配合代号，查表确定轴和孔的上、下极限偏差值，并填空。

$\phi 30\frac{H7}{k6}$表示 _____制 _____配合。

  $\phi 30$表示 _____。

  k 表示 _____。

  6 表示 _____。

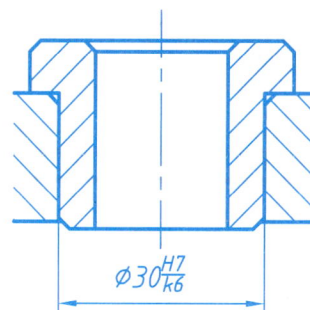

孔：上极限偏差为 _____；

    下极限偏差为 _____。

轴：上极限偏差为 _____；

    下极限偏差为 _____。

3. 根据轴和孔的上、下极限偏差，查表后在装配图上注出其配合代号。

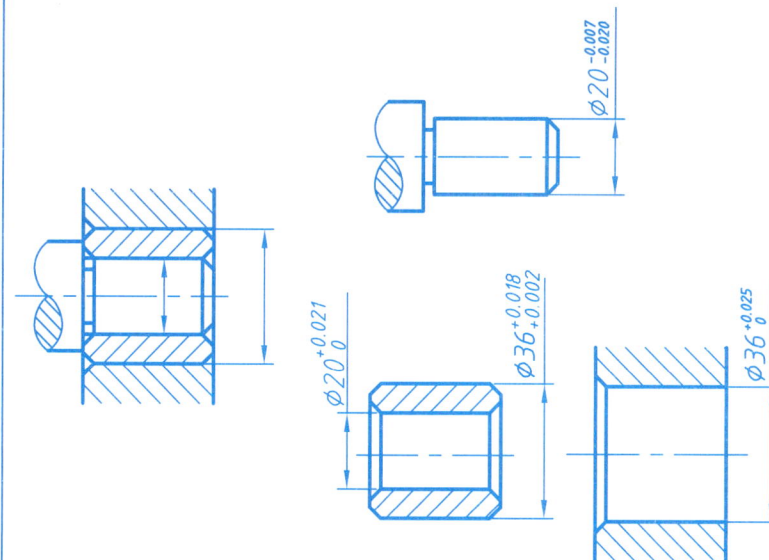

4. 解释所注几何公差的含义。

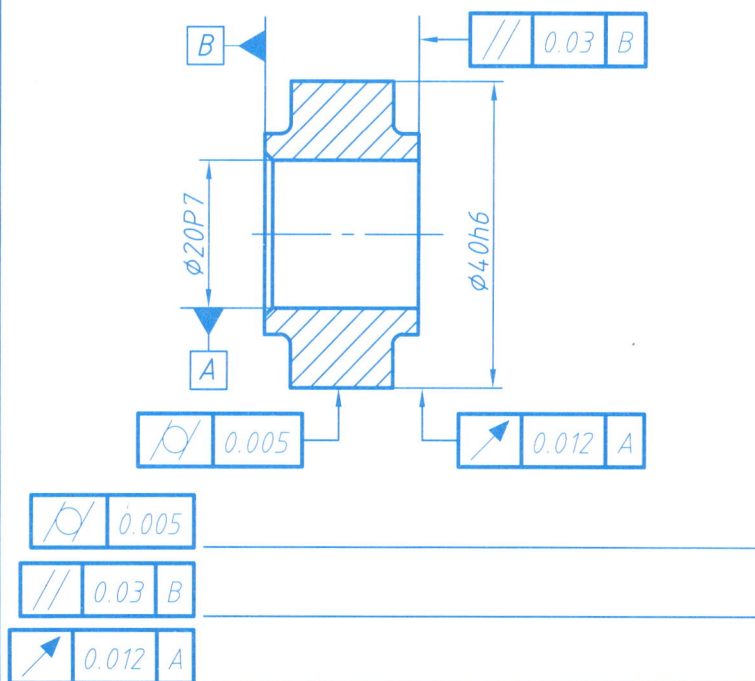

5. 将给定的几何公差按要求标注在图上。
  (1) $\phi 48g6$的轴线对$\phi 14H7$轴线的同轴度公差为$\phi 0.05$。
  (2) 右端面对$\phi 14H7$轴线的垂直度公差为0.15。
  (3) $\phi 48g6$的圆柱度公差为0.03。

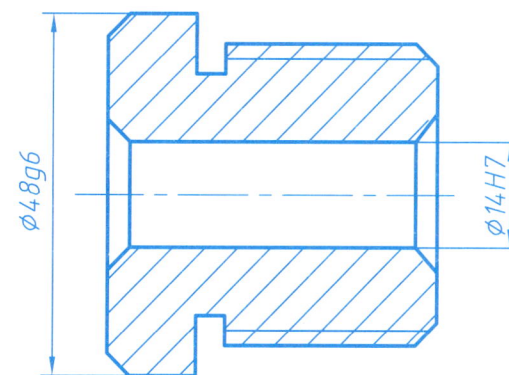

专业班级　　　姓名　　　学号　　58

8-3 读零件图

齿轮轴

1. 看懂齿轮轴的零件图，想象该零件的结构形状，完成填空题。

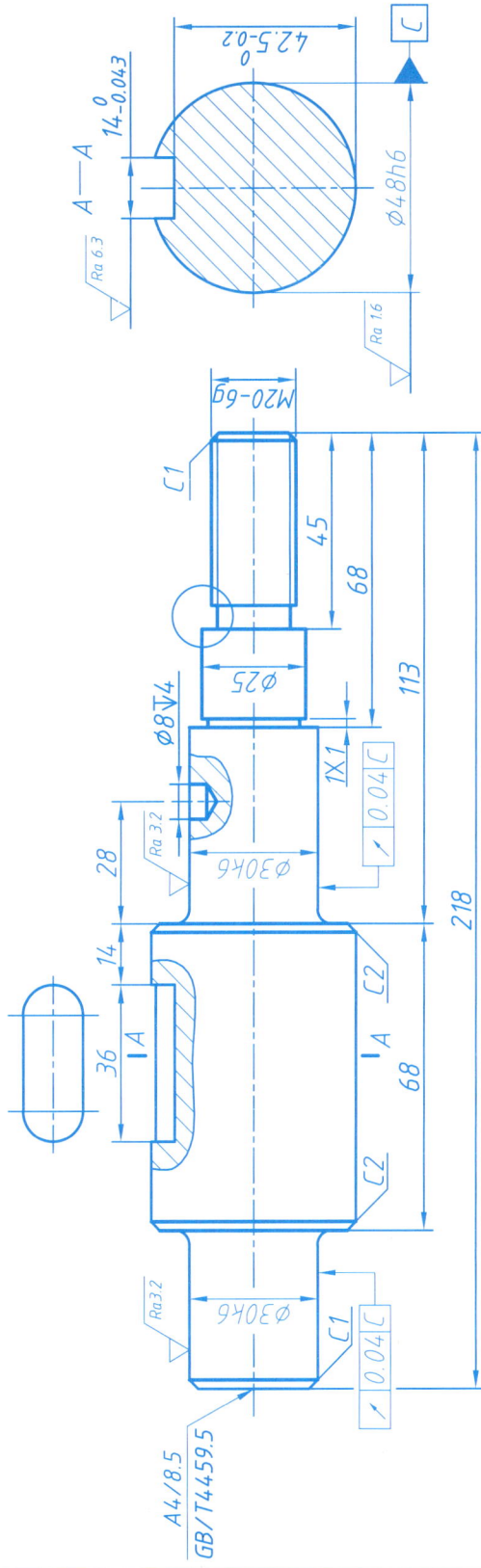

填空题：

(1) 该零件图采用的表达方法有_____。

(2) 该零件有_____个轴段，有_____处退刀槽。

(3) 键槽的定位尺寸是_____，长度为_____，宽度为_____，深度为_____。

(4) 用引线指明零件的轴向主要尺寸基准和径向主要尺寸基准。

(5) M20-6g中，M20表示_____，6g表示_____。

(6) ⌀ 0.04 C 表示_____两圆柱面对_____轴线的圆跳动公差为_____。

技术要求

1. 除螺纹表面外其他部位表面硬度均为45～50 HRC。
2. 未注圆角R2。

制图			比例	1:1
审核			件数	45
班级			材料	
	(日期)		(图号)	
	(学号)		(校名)	共 张 第 张

A4/8.5
GB/T4459.5

M20-6g
C1
45
68
113
218
68
⌀25
⌀8▽4
⌀30h6
⌀40h6
1X1
28
14
36
⌀48h6
14-0.043 0
42.5-0.2 0
A—A
2.5:1
R1 45°
3
⌀11

√Ra 12.5 (√)

端盖

2. 看端盖零件图，完成填空题并作出右视图。

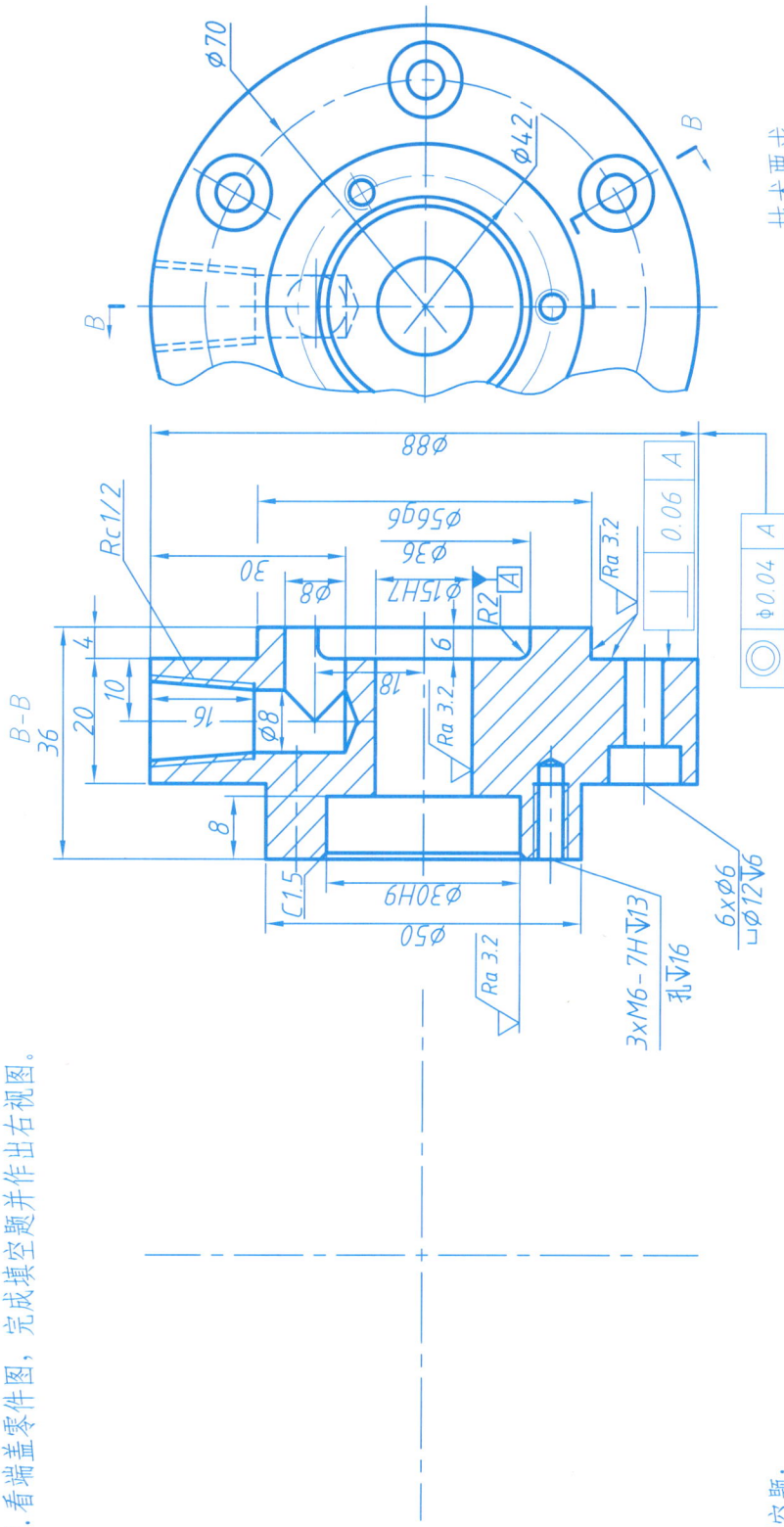

填空题：

(1) 零件的主视图是_____剖视图，采用的是_____的剖切平面。

(2) 说明 ⌀ 0.06 A 的含义：_____。

(3) 该零件左端面凸缘有_____个螺孔，公称直径是_____，螺纹长度是_____。

(4) 该零件左端面有_____个沉孔，孔的_____，孔径是_____。

技术要求

1. 铸件不得有砂眼、裂纹。
2. 锐边倒角C1。
3. 铸件应作时效处理。

制图			比例	1:1
审核			件数	
班级			材料	HT200
	(日期)		(图号)	
	(学号)		(校名)	共 张 第 张

√Ra 12.5 (√)

⌀70
⌀42
B
B-B
36
88⌀
Rc1/2
30
⌀56g6
⌀36
⌀15H7
⌀8
4
20
10
16
⌀8
18
6
R2
3xM6-7H▽13
孔▽16
6x⌀6
⊔⌀12▽6
C15
⌀30H9
⌀50
8
0.06 A
⌀0.04 A
Ra 3.2

3.读拨叉零件图，画出其俯视图（外形，不必画出虚线），并回答问题。

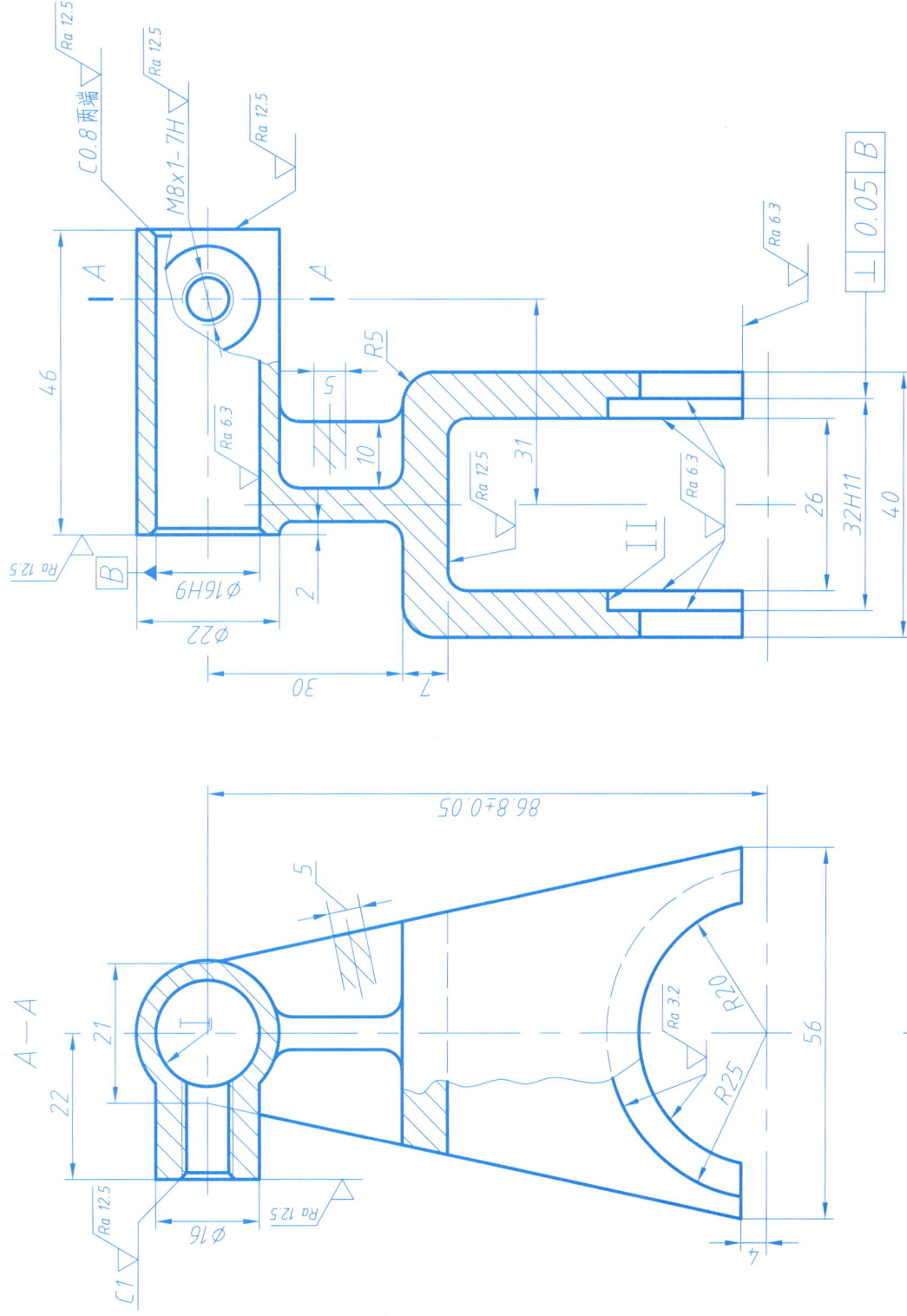

填空题：

(1) 在图中指明长、宽、高三个方向的主要尺寸基准。

(2) 零件的总高为_____，总宽为_____。

(3) 该零件绕制I表面的表面结构要求是_____，II表面的表面结构要求是_____。

(4) φ16H9孔的上极限尺寸为_____，下极限尺寸为_____。

(5) 说明M8×1-7H的含义：M表示_____，8表示_____，1表示_____，7H表示_____。

(6) 说明框格 $\perp$ 0.05 B 的含义：_____。

拨叉

	比例	1:1	（图号）
	件数		
	材料	HT200	（校名）

制图	（日期）		
审核	（学号）		
班级			

技术要求

1. 未注圆角R3；
2. 铸件不得有气孔、裂纹等缺陷；
3. 铸件退火处理，消除内应力。

C0.8 两端
M8×1-7H
Ra 12.5
Ra 6.3
R5
φ16H9
φ22
32H11
30
46
10
5
2
31
26
40
$\perp$ 0.05 B
Ra 12.5

A—A
86.8±0.05
21
22
φ16
C1
R20
R25
56
5
Ra 3.2
Ra 12.5

4.读底座零件图，在指定位置画出左视图的外形图，并回答问题。

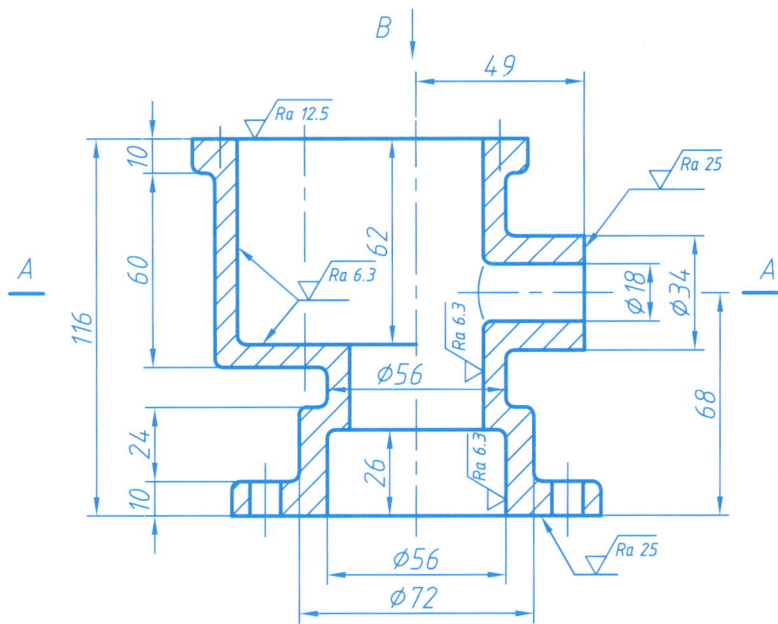

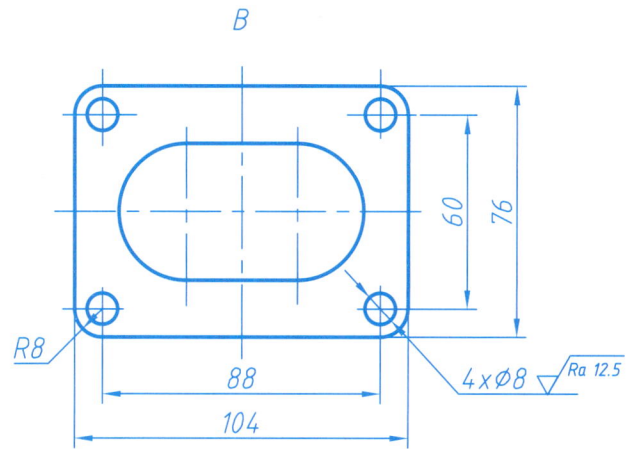

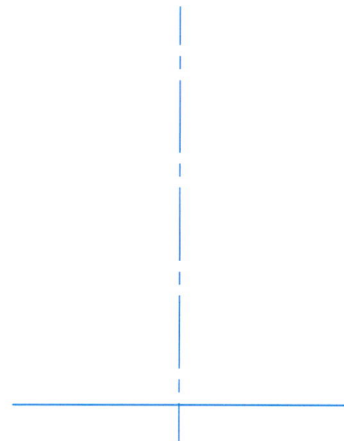

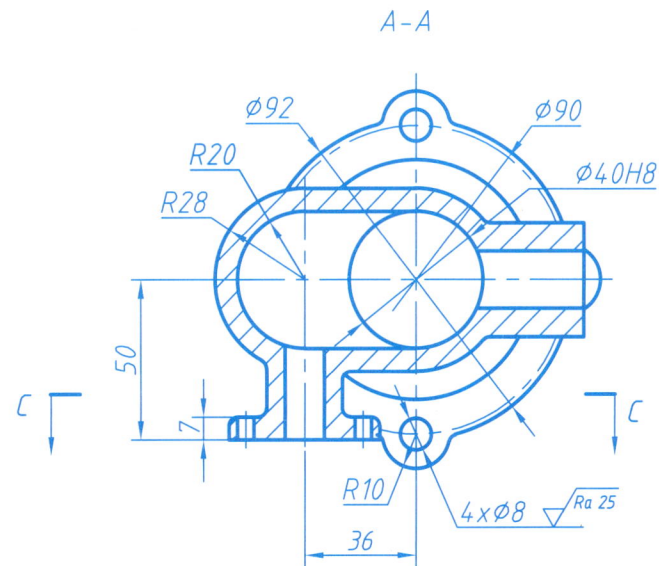

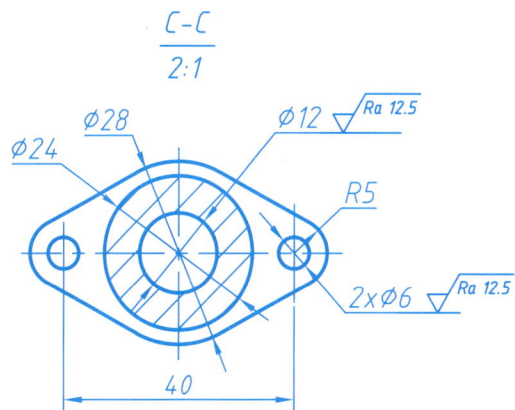

B

49

Ra 12.5

10

116

60

62

Ra 6.3

Ra 25

Ra 6.3

∅18

∅34

A — A

∅56

24

26

Ra 6.3

10

∅56

∅72

Ra 25

68

B

60

76

R8

88

104

4x∅8   Ra 12.5

C-C
2:1

A-A

∅92

∅90

R20

R28

∅40H8

50

7

R10

36

4x∅8   Ra 25

∅28

∅24

∅12   Ra 12.5

R5

2x∅6   Ra 12.5

40

填空题:

(1) 用引线指明零件的长、宽、高三个方向的主要尺寸基准。

(2) C－C为_____图，画图比例为____，B为_____图。

(3) 零件底面有____孔，定形尺寸为_____，定位尺寸为_____。

(4) 该零件表面结构要求有_____种，它们分别是_____。

技术要求

1.未注圆角R1～R3。

2.铸件不得有气孔、裂纹等缺陷。

√(√)

底座			比例	1:1	(图号)
			件数		
制图		(日期)	材料	HT150	共 张 第 张
审核					(校名)
班级		(学号)			

专业班级		姓名		学号		61

一、作业内容

　　首先在方格纸上，根据零件轴测图徒手画出零件草图，然后用仪器及绘图工具画出零件图。

二、作业目的

　　1.了解零件图的内容和要求，培养综合运用各种表达方法的能力。

　　2.熟悉画零件图的方法和步骤，掌握零件草图和零件图的画法。

　　3.学会在零件图上正确标注尺寸和技术要求。

三、作业要求

　　1.表达方案合理，能完整、清晰地表达零件各部分的结构形状。

　　2.视图投影正确，图线、文字符合标准。

　　3.尺寸标注正确、完整、清晰，考虑合理性。

　　4.正确标注表面结构、尺寸公差、几何公差等技术要求。

四、方法指导

　　1.确定表达方案：根据各类典型零件的结构特点，首先选好主视图，再确定其他视图，应设想几种表达方案并进行反复比较，选定最优方案。

　　2.画草图：应按规定绘制，草图经教师审阅后，再画零件图。

　　3.画零件图：零件图的内容与草图内容相同，只是作图手段不同。画图时，应注意以下几点。

　　（1）零件上各种工艺结构的画法应正确。

　　（2）标注尺寸时应选择合理的基准；零件上的标准结构（如圆角、倒角、退刀槽、螺纹、键槽、销孔等）的尺寸应查对标准后确定。

　　（3）表面粗糙度 *Ra* 值及尺寸公差、几何公差的数值可参照教材中的有关内容和表格，用类比法确定，或由教师给出。

1. 轴。

材料：45钢

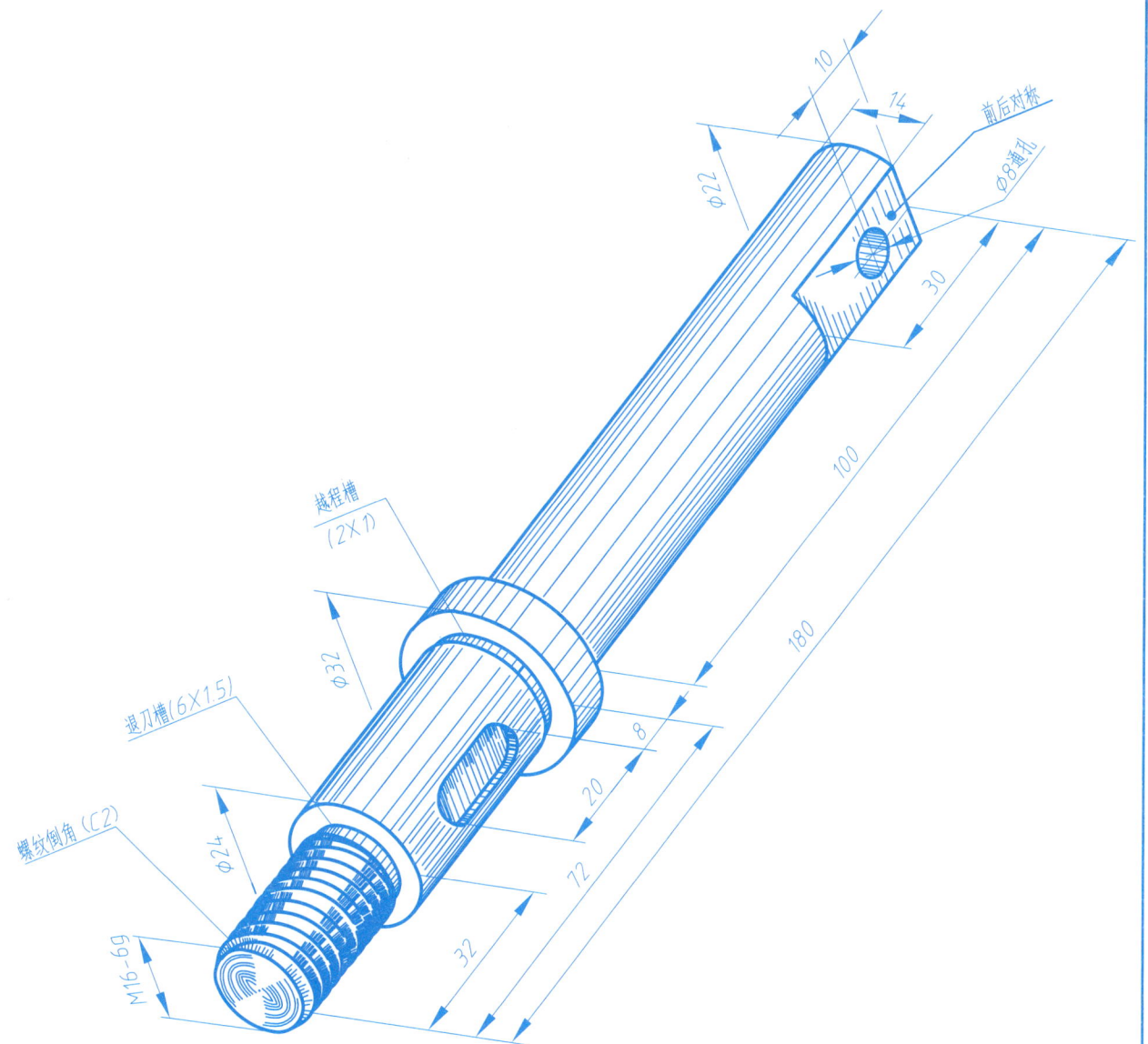

2. 端盖。
材料: HT150

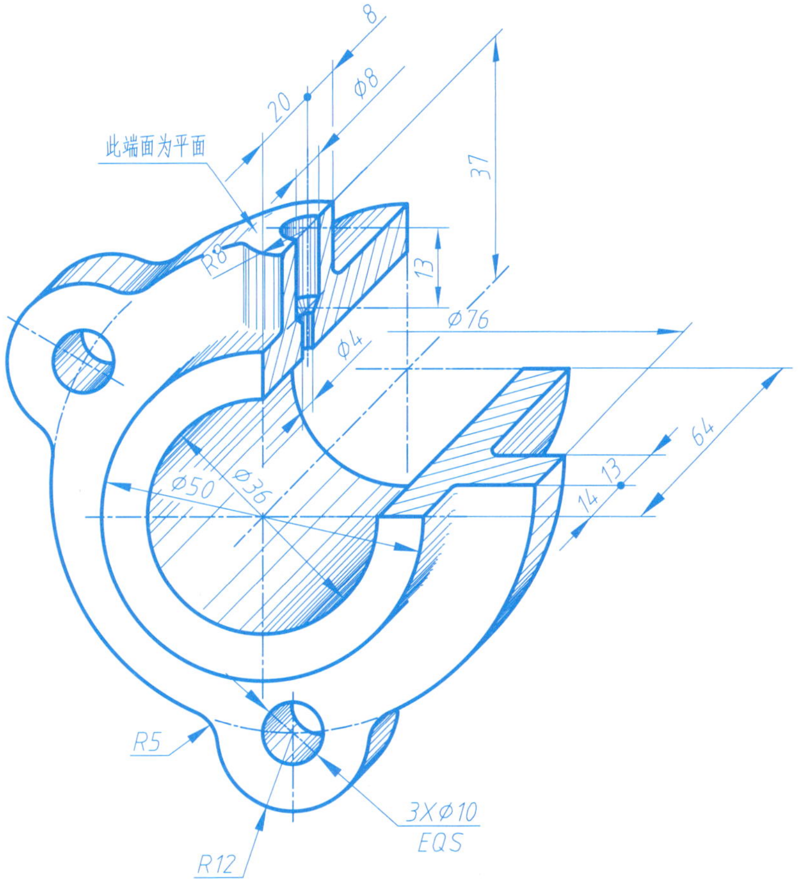

此端面为平面

8
20
Ø8
37
13
Ø76
Ø4
64
14 13
Ø50
Ø36
R5
3XØ10
EQS
R12

3. 壳体。
材料: HT200

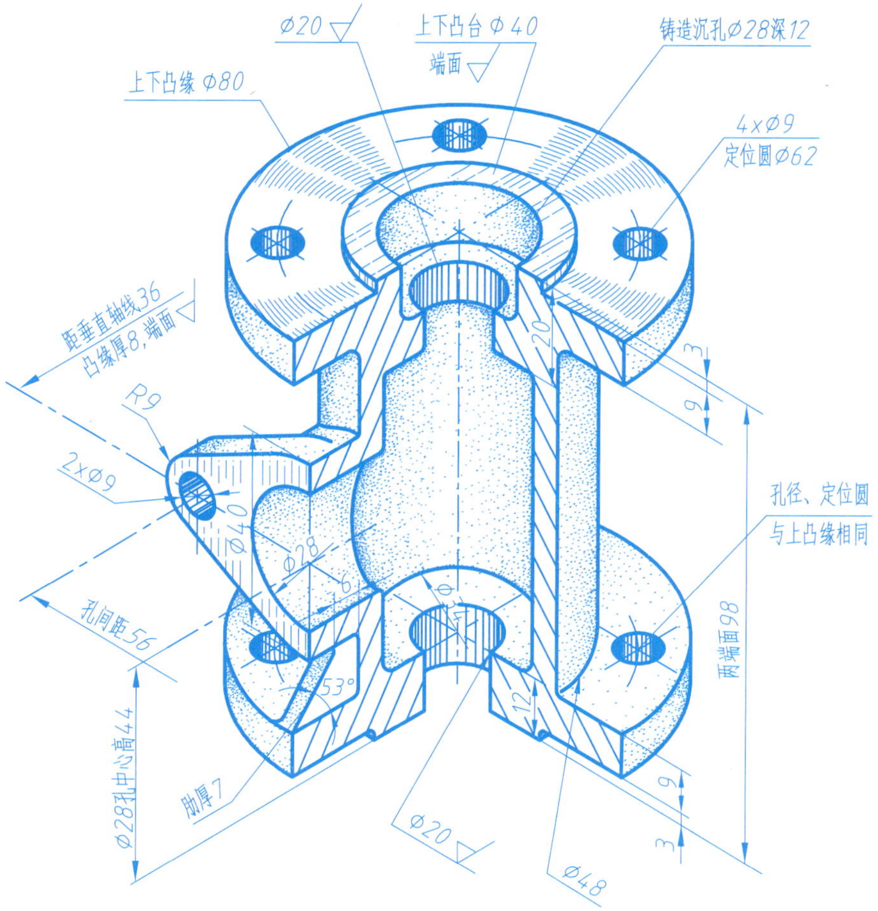

Ø20
上下凸台Ø40
端面
铸造沉孔Ø28深12
上下凸缘Ø80
4xØ9
定位圆Ø62
距垂直轴线36
凸缘厚8,端面
R9
2×Ø9
Ø40
Ø28
孔径、定位圆
与上凸缘相同
两端通Ø98
孔间距56
Ø28孔中心高44
肋厚7
53°
Ø20
Ø48
3
9
9 3

| 专业班级 | | 姓名 | | 学号 | | 63 |

第9章 装配图

9-1 由零件图拼画装配图 千斤顶:根据千斤顶的轴测图和零件图在A3图纸上按1:1的比例绘制装配图。

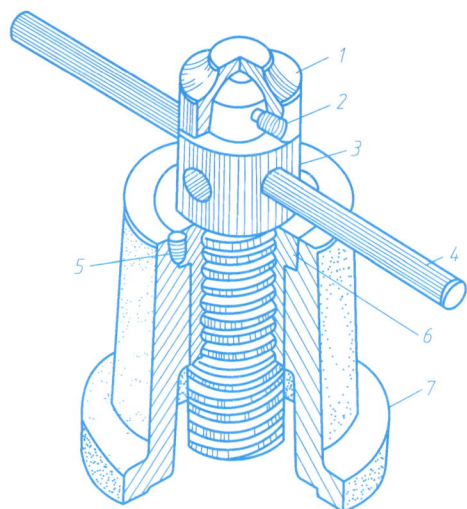

附:千斤顶工作原理

千斤顶利用螺旋传动来顶举重物,是汽车修理和机械安装中一种常见的起重工具。工作时,铰杠穿在螺旋杆顶部的圆孔中,旋转铰杠,螺旋杆在螺套中靠螺纹做上下移动。顶垫上的重物靠螺旋杆的上升而顶起。

螺套嵌压在底座中,并用螺纹固定,磨损后便于更换、修配。

螺旋杆的球面形顶部套上顶垫,靠螺旋钉与螺旋杆连接而不固定,以防止顶垫随螺旋杆一起旋转而脱落。

千斤顶零件表

序号	名称	数量	材料	备注
1	顶垫	1	Q275	
2	螺钉 M8×16	1	Q235	GB/T 75—2018
3	螺旋杆	1	Q255	
4	铰杠	1	Q215	
5	螺钉 M10×12	1	Q235	GB/T 73—2017
6	螺套	1	QA19-4	
7	底座	1	HT200	

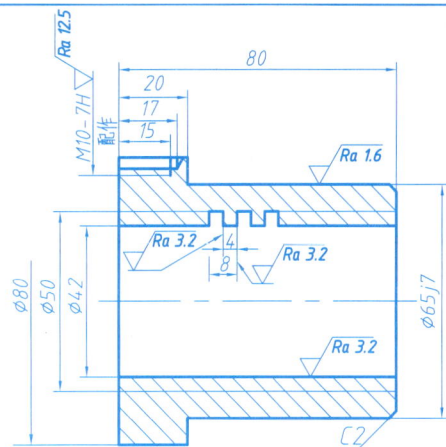

序号	6	名称	螺套
材料		QA19-4	

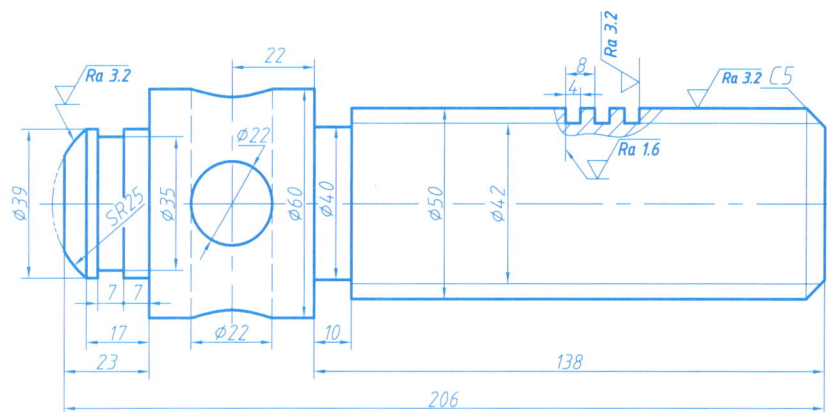

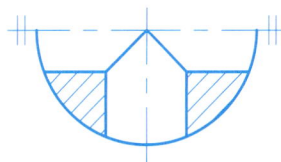

序号	3	名称	螺旋杆
材料		Q255	

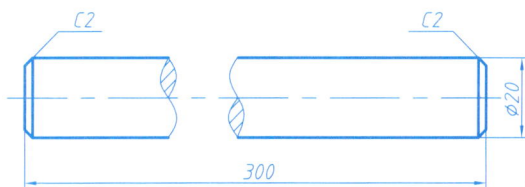

序号	4	名称	铰杠
材料		Q215	

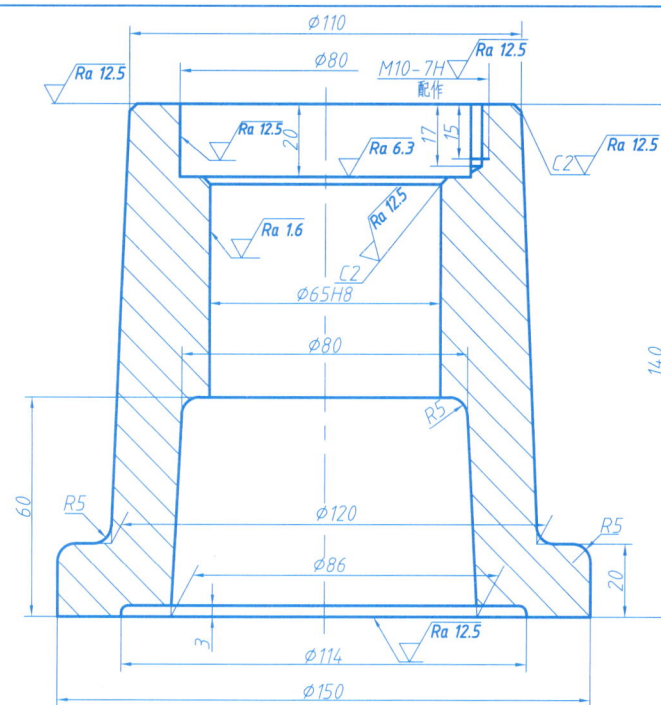

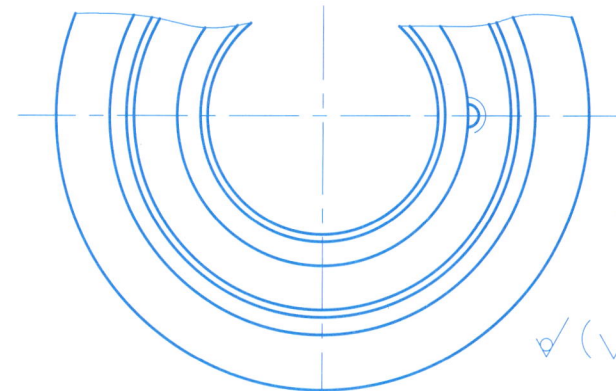

序号	7	名称	底座
材料		HT200	

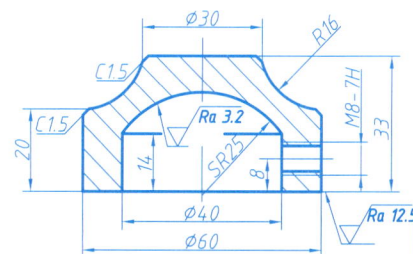

序号	1	名称	顶垫
材料		Q275	

专业班级　　　　姓名　　　　学号

64

夹紧卡爪:根据夹紧卡爪的装配示意图及零件图，用A3图纸按1:1的比例绘制装配图，画出主、俯、左视图。

夹紧卡爪装配示意图(其中标准件两种)

夹紧卡爪工作原理

夹紧卡爪是组合夹具，在机床上用来夹取工件。它由8种零件组成(见示意图)。

卡爪1底部与基体4凹槽相配合(34+0.06)，螺杆2的外螺纹与卡爪的内螺纹连接，而螺杆的缩颈被垫铁3卡住，使它只能在垫铁中转动，而不能沿轴向移动。垫铁用2个螺钉8固定在基体的弧形槽内。为了防止卡爪脱出基体，用前、后2块盖板(7与5)加6个内六角圆柱头螺钉6连接基体。

当用扳手旋转螺杆2时，靠梯形螺纹传动使卡爪在基体内左右移动，以便夹紧或松开工件(主视图左侧用双点画线所示)。

6—螺钉 GB/T 70.1—2008 M8×16(6件)；8—螺钉 GB/T 71—1985 M6×12(2件)

技术要求

1. 锐棱倒角C1，
2. 热处理后硬度为50～55 HRC，渗碳深度为0.8～1.2。

序号	1	名称	卡爪
材料		40Cr	

技术要求

1. 锐棱倒角C0.5，
2. 热处理后硬度为40～45 HRC。

序号	2	名称	螺杆
材料		40Cr	

技术要求

1. 锐棱倒角C0.5，
2. 热处理后硬度为40～45 HRC。

序号	3	名称	垫铁
材料		40Cr	

技术要求

1. 锐棱倒角C0.5，
2. 热处理后硬度为40～45 HRC。渗碳深度为0.8～1.2 mm。

序号	4	名称	基体
材料		40Cr	

技术要求

1. 锐棱倒角C0.5，
2. 热处理后硬度为40～45 HRC。

序号	5	名称	盖板（后）
材料		40Cr	

技术要求

1. 锐棱倒角C0.5，
2. 热处理后硬度为40～45 HRC。

序号	7	名称	盖板（前）
材料		40Cr	

一、工作原理

手压阀是吸入和排出液体的一种手动阀门。当握住手柄2向下压紧阀杆4时，阀杆压缩弹簧8向下移动，入口开通，此时液体排出；当手柄抬起时，弹簧松开，阀杆向上紧贴阀体，液体则不再通过。

二、作业提示

1.了解部件工作原理和每个零件的作用及结构。

2.选择装配图表达方案拼画装配图。

3.绘图时，先画阀体7，再画阀杆4（按阀杆最高极限位置作图），使阀体的90°锥面与阀体的90°锥面接触。

压下

11

出口

入口

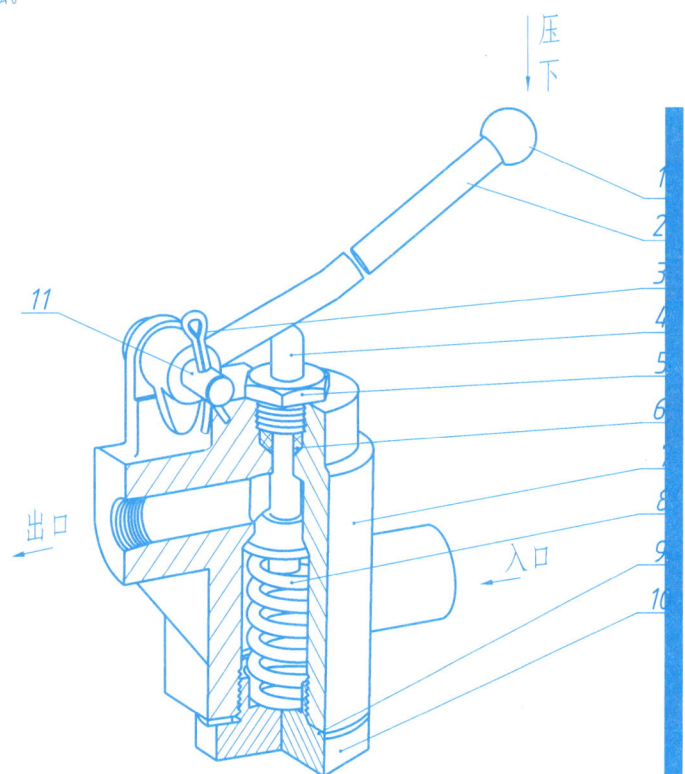

手压阀零件表

序号	名称	数量	材料	备注	序号	名称	数量	材料	备注
1	球头	1	胶木		7	阀体	1	HT150	
2	手柄	1	20		8	弹簧	1	65Mn	
3	销 4×18	1	45	GB/T 91	9	胶垫	1	橡胶	
4	阀杆	1	45		10	调节螺母	1	Q235	
5	螺套	1	Q235		11	销钉	1	20	
6	填料	1	石棉						

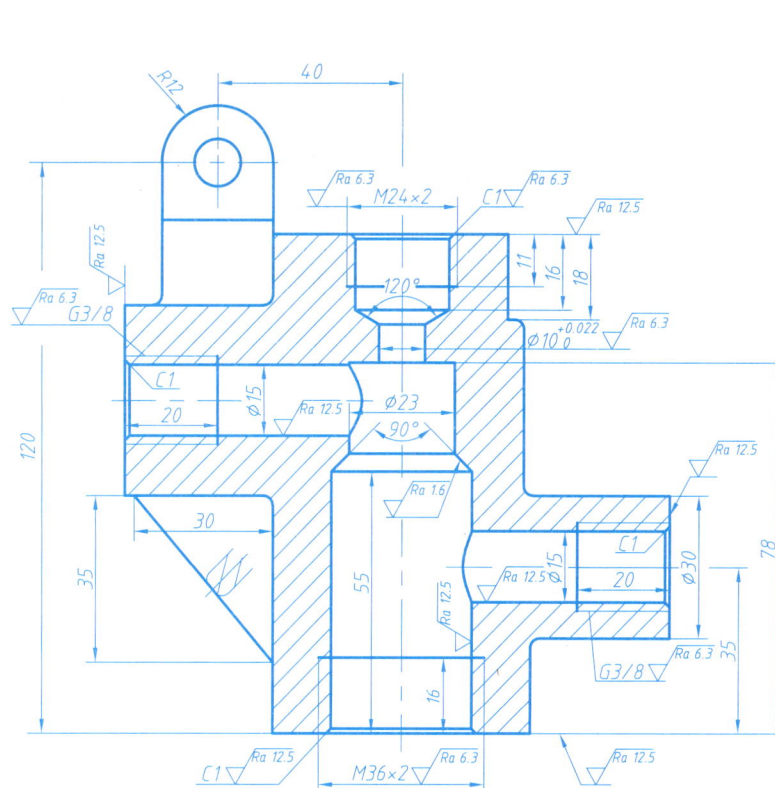

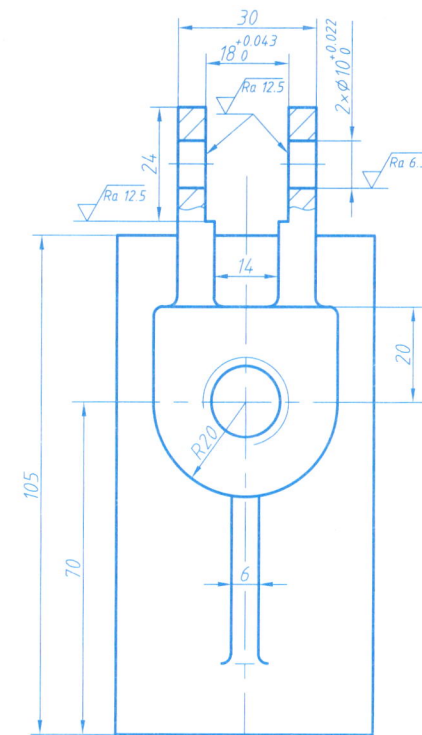

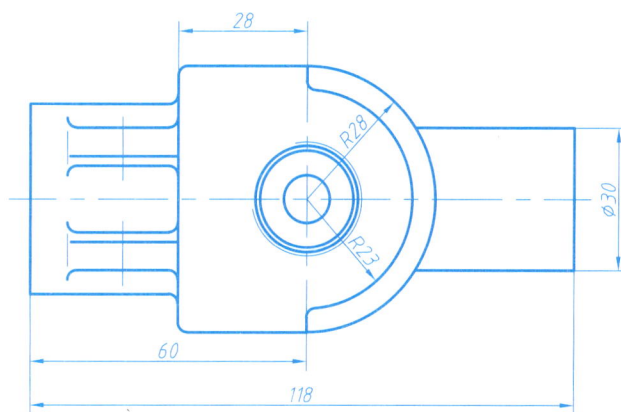

技术要求

未注圆角为R2～R5。

√（√）

序号	7	名称	阀体
材料		HT150	

| 专业班级 | | 姓名 | | 学号 | | 66 |

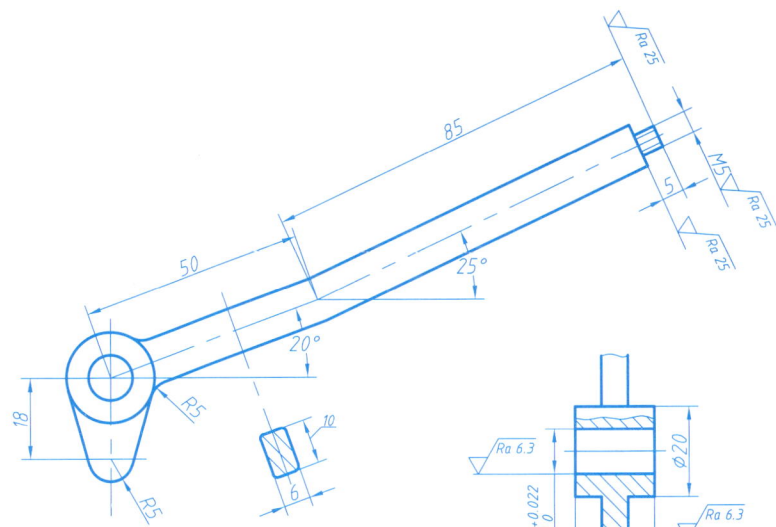

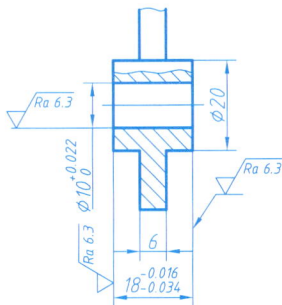

√(√)

序号	2	名称	手柄
材料	20		

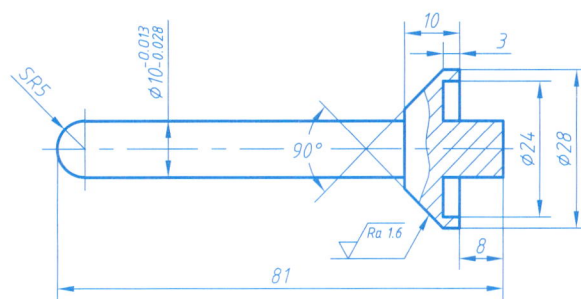

√Ra 12.5 (√)

序号	4	名称	阀杆
材料	45		

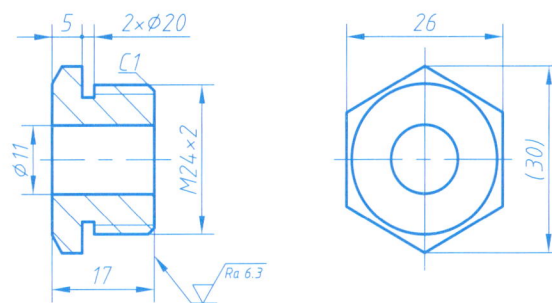

√Ra 12.5 (√)

序号	5	名称	螺套
材料	Q235		

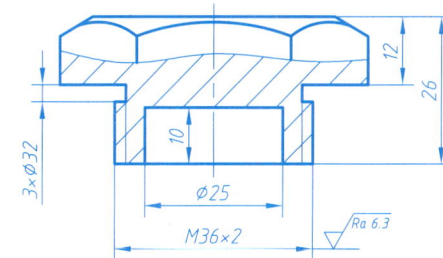

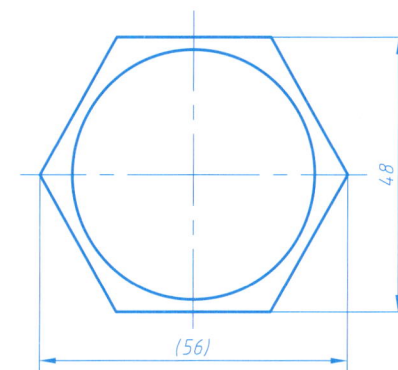

√Ra 12.5 (√)

序号	10	名称	调节螺母
材料	Q235		

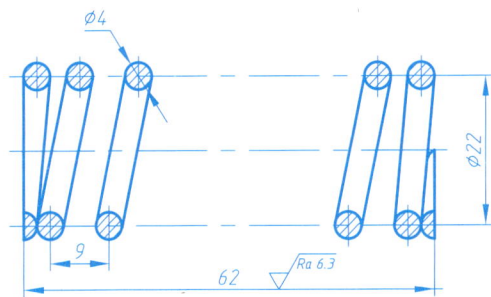

旋向 右
有效圈数 6
总圈数 8.5
展开长度 488

√(√)

序号	8	名称	弹簧
材料	65Mn		

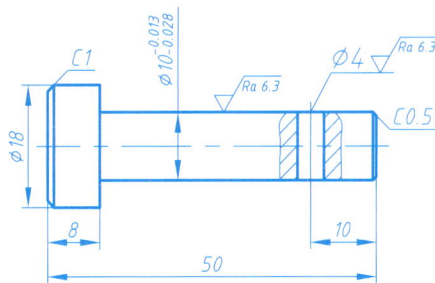

√Ra 25 (√)

序号	11	名称	销钉
材料	20		

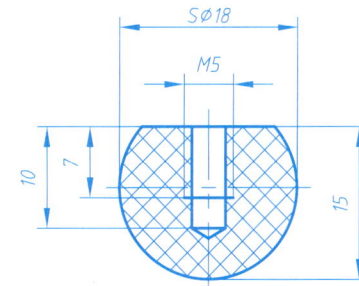

序号	1	名称	球头
材料	胶木		

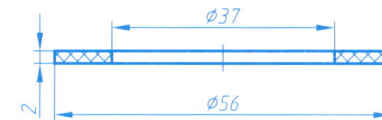

序号	9	名称	胶垫
材料	橡胶		

读装配图和由装配图拆画零件图

一、作业内容

读装配图和由装配图拆画零件图可选用部件：换向阀、立式柱塞泵、车阀盖小头夹具、手压阀、齿轮泵。

二、作业目的

1.学习看装配图，提高看图能力。

2.学习拆画零件图的方法和步骤，进一步提高画零件图的能力。

三、作业要求

1.按指定题目，分析部件的表达方法，根据工作原理的说明，弄清部件的用途、工作原理、各零件间的装配关系和零件的主要结构、形状。并按要求回答问题，以便检查是否真正读懂了装配图。

2.根据装配图，按要求拆画指定零件的零件图。

四、部件的工作原理及读图要求

1.换向阀。

（1）工作原理。

换向阀用于控制流体管路中流体的输出方向。在图示情况下，流体从右边进入，因上出口不通，就从下出口流出。当转动手柄4，使阀门2旋转180°时，则下出口不通，流体就从上出口流出。根据手柄转动角度的大小，还可以调节出口处的流量。

（2）根据装配图回答问题。

a.读懂换向阀装配图，该装配图采用了哪些表达方法？

b.根据课程需要，选择拆画零件1（阀体）、零件2（阀门）、零件3（锁紧螺母）的零件图。

2.立式柱塞泵。

（1）工作原理。

柱塞泵是润滑管路系统中的供油装置，它依靠柱塞6的上下移动达到泵油的目的。柱塞的下移是靠凸轮压下，而上移是靠弹簧顶上去。当没有凸轮外力时，柱塞6在弹簧12的作用下向上移动，使泵腔体积增大，压力变小而形成负压，油在大气压力下顶开进油阀11进入泵腔，出油阀2关闭。当凸轮下压滚动轴承8时，柱塞6下移，油腔容积变小，油压增大，进油阀关闭，高压油顶开出油阀而排出。如此往复循环，起到供油的作用。

（2）根据装配图回答问题。

a.柱塞泵装配图采用了哪些表达方法？

b.柱塞泵采用了哪些密封结构？

c.说明泵体1和柱塞6的结构特点，拆画泵体1和柱塞6的零件图。

3.车阀盖小头夹具。

（1）工作原理。

该夹具是在车床上加工阀盖小头的专用夹具。它被安装在车床主轴上，由主轴左端气动操纵杆实现件7（球面螺钉）的轴向移动。当件7向左移动时，带动件6（铰链压板）向左移动，这时，位于件6两端并由件14（销轴）连接的件10（两个钩形压板）在件11（套筒）向内左移动，实现被加工零件阀盖的夹紧。反之，当件7向右移动时，则件10向右移动，被加工件即可卸下。

（2）根据装配图回答问题。

a.车阀盖小头夹具装配图采用了哪些表达方法？

b.说明件1、6、8、11和12的结构特点及其作用。

c.解释装配图中φ81H8/h7、φ18H8/s7、φ12H8/f7及φ7H8/f7的意义。

d.根据课程需要，可拆画件1（盘根）、12（夹具体）、6（铰链压板）、10（钩形压板）、11（套筒）的零件图。

4.手压阀。

（1）工作原理。

在管路系统中，手压阀依靠阀杆4的上下移动达到管路的导通和截止。当压杆3在外力作用下下压时，阀杆4向下移动，弹簧10被压缩，阀体1的空腔导通，管路中的流体可以流动；当压杆3的外力撤除时，收缩的弹簧向上顶压阀杆4，将阀体1的空腔上下隔开，使得管路被截止。如此往复循环，起到管路的导通和截止作用。

（2）根据装配图回答问题

a.手压阀装配图采用了哪些表达方法？

b.手压阀采用了哪些标准件？分别起到了什么作用？

c.解释装配图中φ18H7/h6、42H8/f7、φ10F8/h7的含义。

d.说明阀体1、托架2和填料盖螺母5的结构特点，拆画它们的零件图。

5.齿轮泵。

（1）工作原理。

齿轮泵是机器中用来输送润滑油的一个部件，它依靠一对齿轮的高速旋转来输送润滑油。从右视图中可见，当齿轮轴16逆时针方向转动时，齿轮15顺时针方向转动，在泵体1上方进油处产生局部真空，压力降低，油被吸入，油随齿轮的齿隙被带到下方出油处压出。当齿轮连续转动时，齿轮泵就起到加压供油作用。

（2）根据装配图回答问题。

a.齿轮泵装配图采用了哪些表达方法？各视图表达的重点是什么？

b.画出两个齿轮的旋转方向，分别指出进、出油口。

c.拆画零件9（泵盖）、零件1（泵体）的零件图。

A—A

出

Rp3 8

5 6

7

M25X1.5

Rp3 8

68

进

4

3

2 1

出

50

3X∅8

36

66

5

118

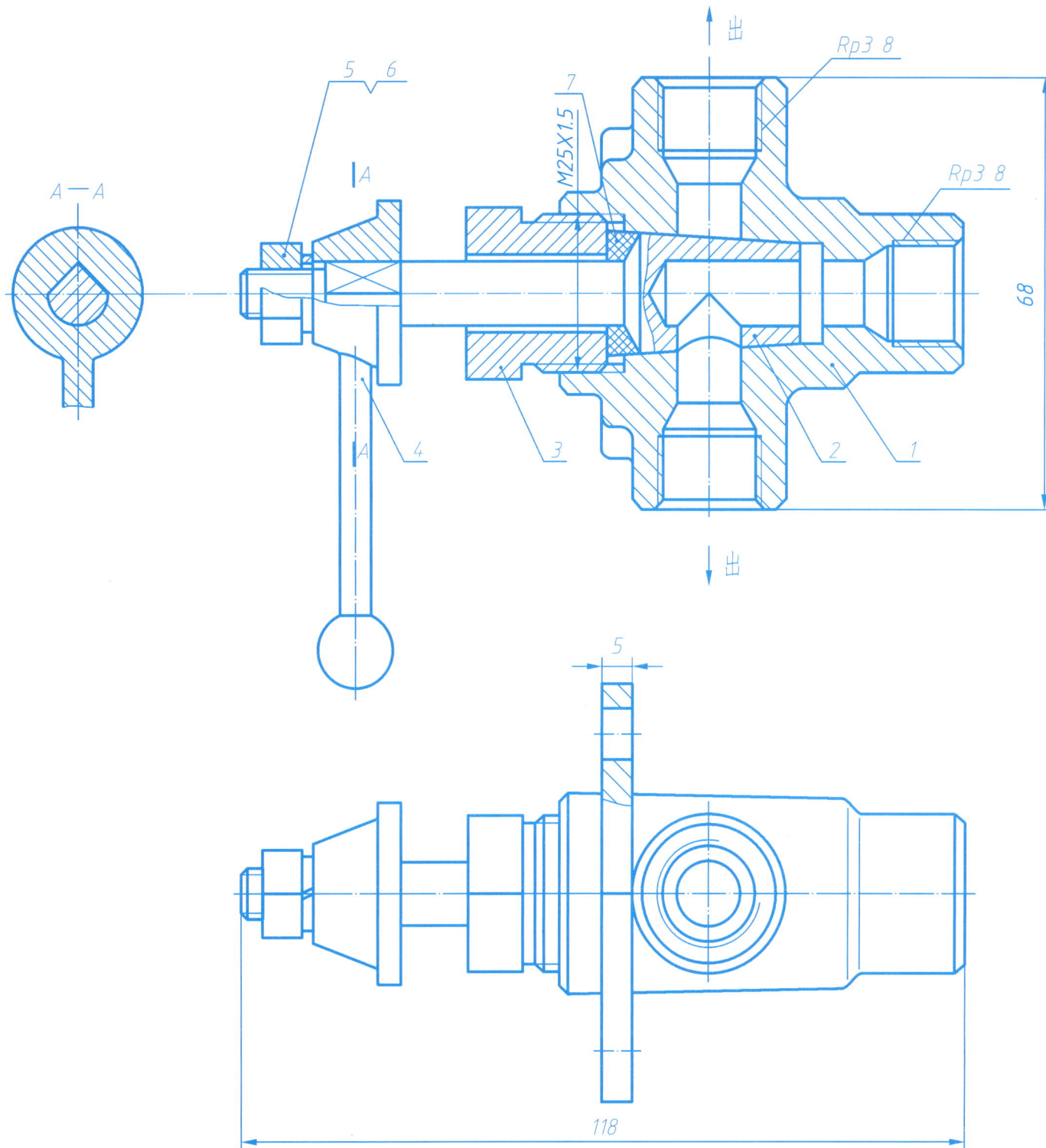

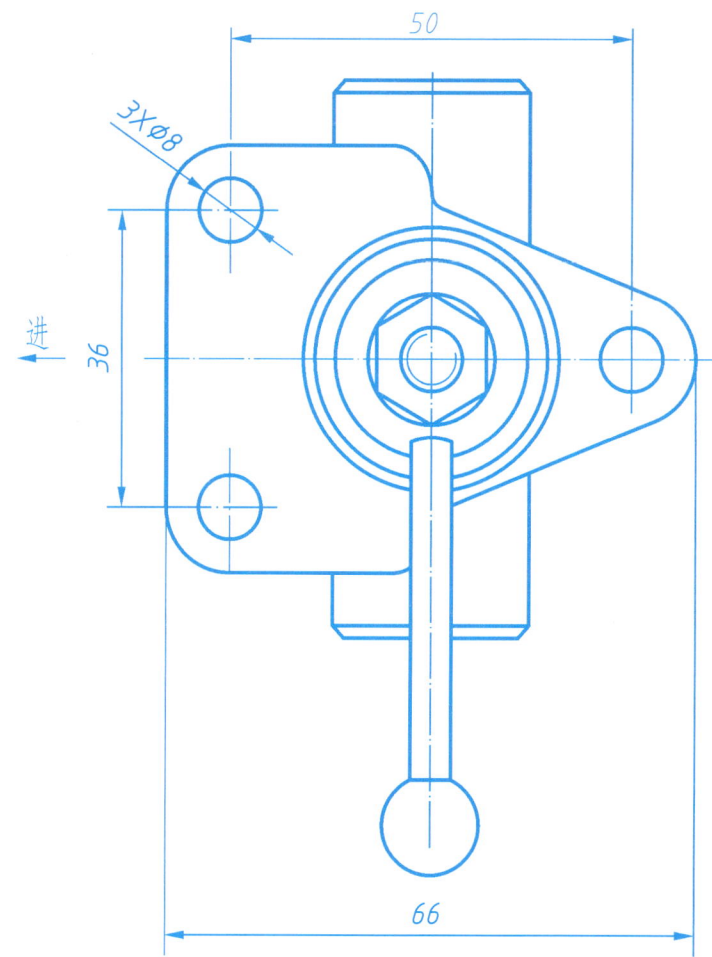

7		填料	1	麻			无图
6	GB/T 6170	螺母 M8	1	Q235			
5	GB/T 93	垫圈	1	65Mn			
4	HXF-04	手柄	1	HT200			
3	HXF-03	锁紧螺母	1	Q235			
2	HXF-02	阀门	1	HT200			
1	HXF-01	阀体	1	HT200			
序号	代　号	名　称	数量	材　料	单件 总计 重量		备注

（单位名称）

标记	处数	分区	更改文件号	签名	年月日			
设计	(签名)	(年月日)	标准化	(签名)	(年月日)	阶段标记	重量	比例
审核								
工艺			批准			共 张 第 张		

换向阀

HXF-00

专业班级　　　　　姓名　　　　　学号

69

A

凸轮

n

出口

入口

φ10k6

φ10$\frac{H7}{k6}$

φ10$\frac{H7}{k6}$

φ25$\frac{H7}{k6}$

φ3

φ3

G3/8A

118

46

80

拆去零件2、3

2×φ11

R11

φ58

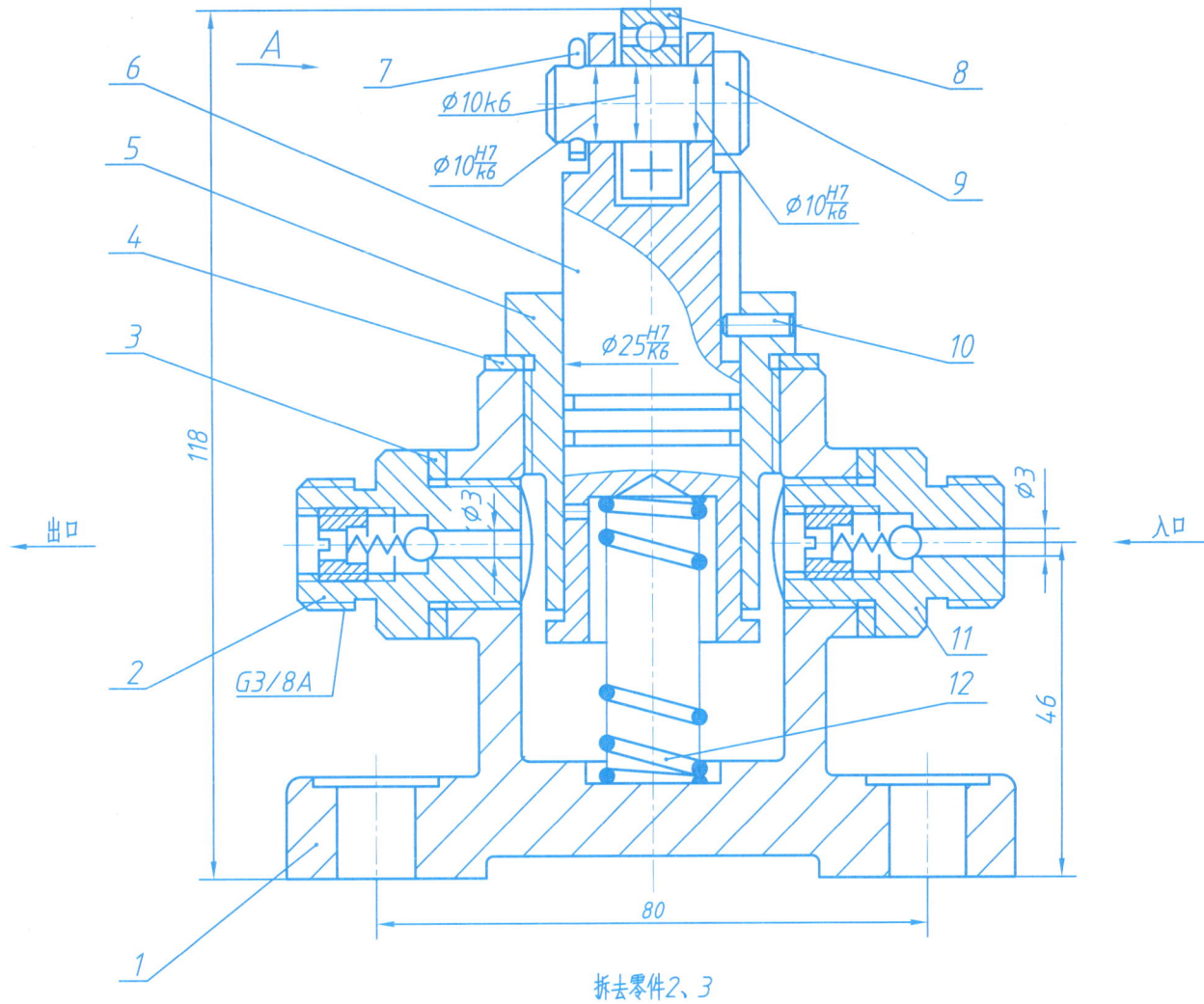

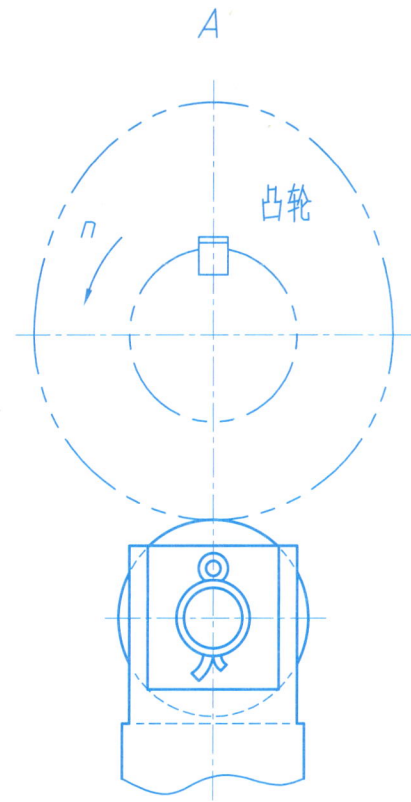

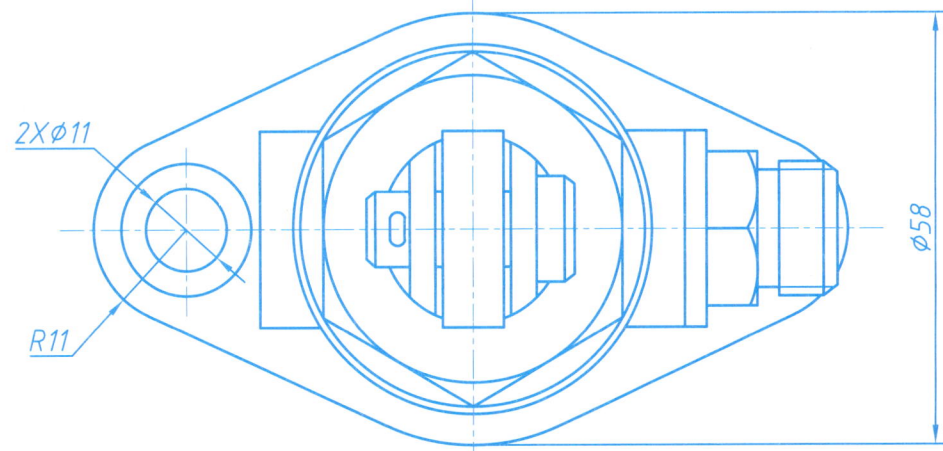

12	GB/T 2089	弹簧 YA2×16×42	1	65Mn		
11		进油阀	1			组合件，外购
10	GB/T 119.2	销 3×10	1	35		
9	GB/T 882	销轴 B10×24	1	45		
8	GB/T 276	滚动轴承 6000	1			组合件
7	GB/T 91	销 2×14	1	低碳钢		
6	ZSB-05	柱塞	1	45		
5	ZSB-04	导向轴套	1	35		
4	ZSB-03	垫片	1	紫铜		
3	ZSB-02	垫片	2	紫铜		
2		出油阀	1			
1	ZSB-01	泵体	1	HT150		组合件，外购
序号	代 号	名 称	数量	材 料	单件 总计 重 量	备 注

				(单位名称)		
标记	处数	分区	更改文件号	签名	年月日	
设计	(签名)	(年月日)	标准化	(签名)	(年月日)	阶段标记 重量 比例
审核						立式柱塞泵
工艺			批准			ZSB-00
				共 张 第 张		

立式柱塞泵

ZSB-00

专业班级　　姓名　　学号　　70

B（零件6）

C—C

D—D（零件11）

Ø7H8/f7

4×Ø20
EQS

120

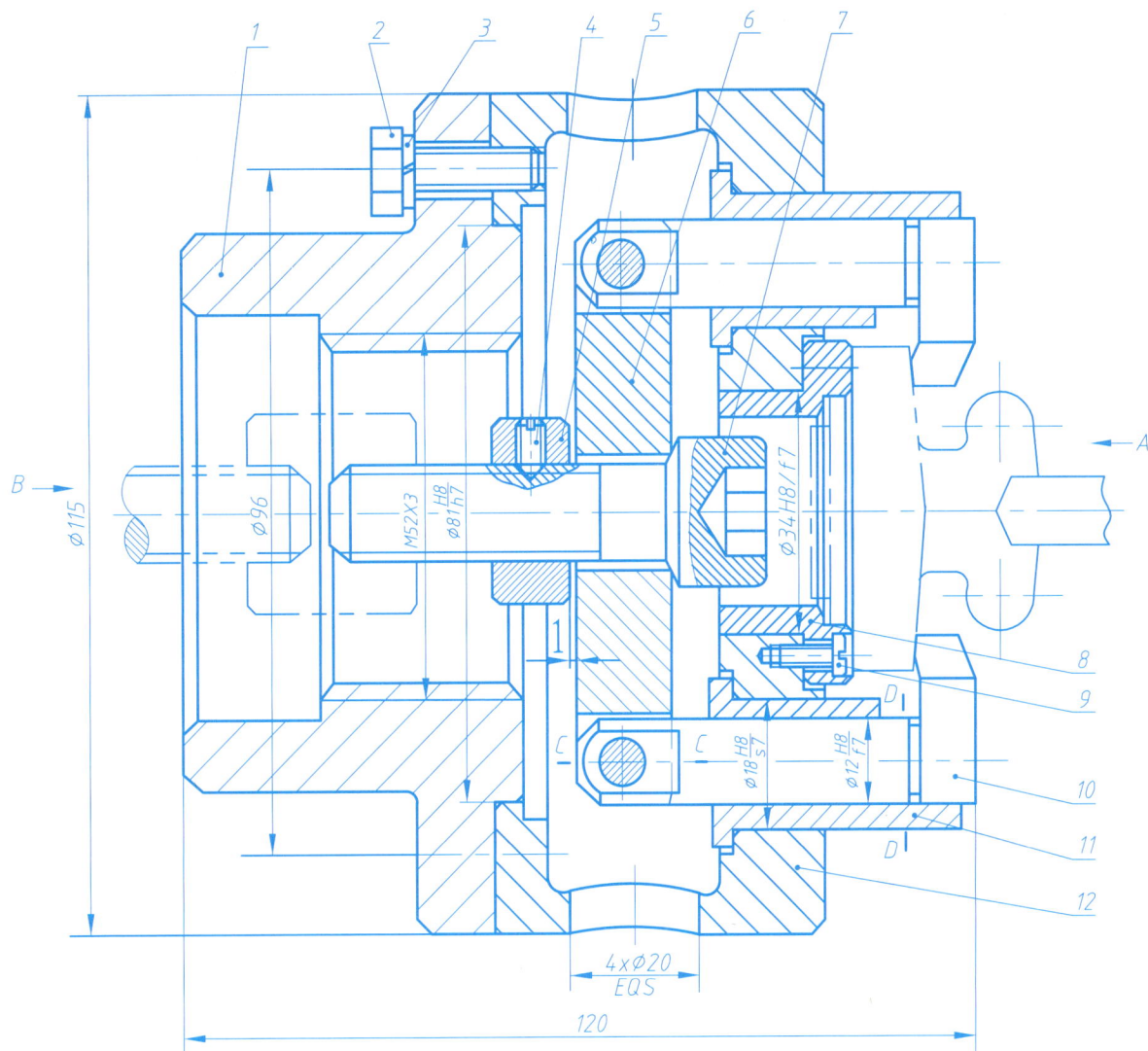

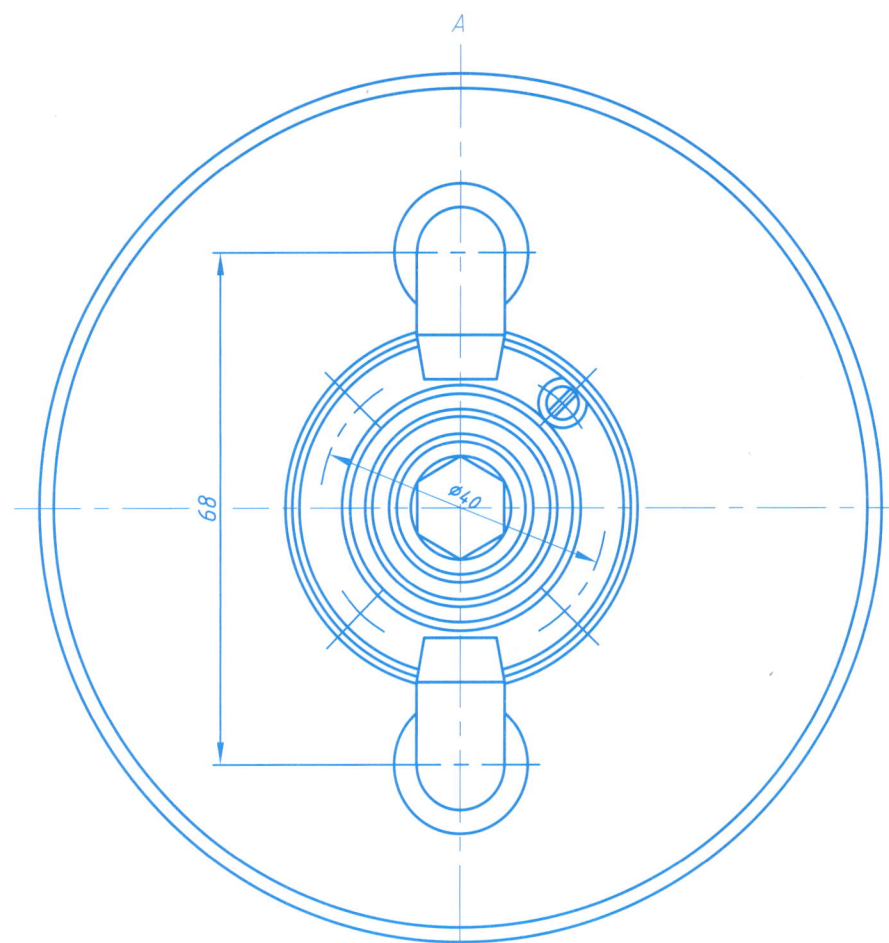

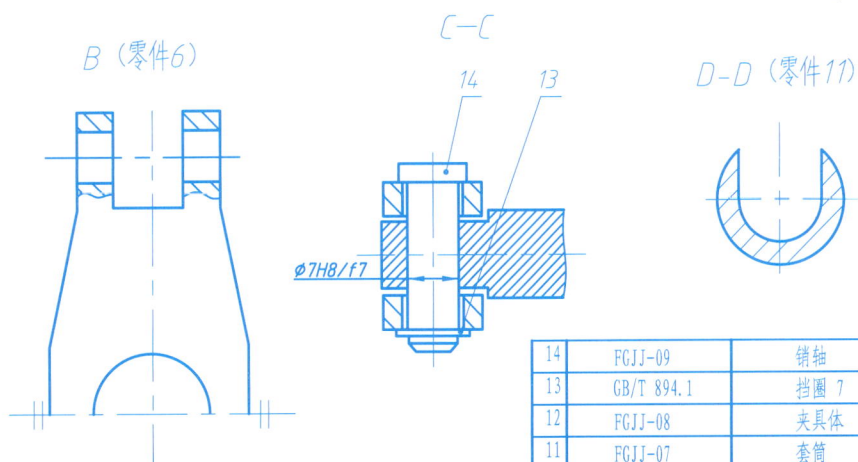

9	GB/T 65	螺钉 M3X8	4				4.8级
8	FGJJ-05	定位盘	1	45			
7	FGJJ-04	球面螺钉	1	45			
6	FGJJ-03	铰链压板	1	45			
5	FGJJ-02	背帽	1	45			
4	GB/T 71	螺钉 M4×8	1				14H级
3	GB/T 93	垫圈 6	4	65Mn			
2	GB/T 5782	螺栓 M6×18	4				8.8级
1	FGJJ-01	盘根	1	HT200			
序号	代 号	名 称	数量	材 料	单件 重量	总计 重量	备注

14	FGJJ-09	销轴	1	40Cr
13	GB/T 894.1	挡圈 7	1	65Mn
12	FGJJ-08	夹具体	1	45
11	FGJJ-07	套筒	2	45
10	FGJJ-06	钩形压板	2	40Cr

标记	处数	分区	更改文件号	签名	年月日				（单位名称）
设计	（签名）	（年月日）	标准化	（签名）	（年月日）	阶段标记	重量	比例	车阀盖小头夹具
审核									
工艺			批准				共 张 第 张		FGJJ-00

专业班级　　　姓名　　　学号　　　71

手压阀

SYF—00

（单位名称）

序号	代号	名称	数量	材料	单件 总计	备注
					重量	
14	GB/T 120.2	销 6×18	2	35		无图
13	GB/T 5783	螺栓 M6×16	2	35		无图
12	SYF-08	皮罩	1	皮革		
11	GB/T 2089	弹簧 YA2.5×20×38	1	60Si2MnA		
10		填料	1	退火石棉绳		
9	SYF-07	填料压盖	1	Q235-A		
8	SYF-06	堵	1	35		
7	GB/T 91	销 3.2×25	2	35		
6	SYF-05	锁母	1	Q215-A		
5	SYF-04	手柄	1	Q235-A		
4	SYF-03	阀杆	1	35		
3	SYF-02	压杆	1	Q235-A		
2	SYF-01	托架	1	Q235-A		
1		阀体	1	HT200		

设计		（年月日）	阶段标记	重量	比例		
标准							
审核							
工艺							

| 专业班级 | | 姓名 | | 学号 | | 72 |

拆去序号9、10、11、12、13、17等零件

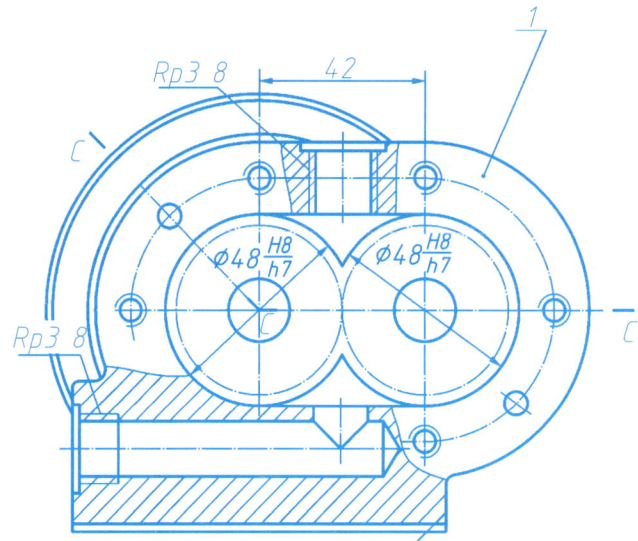

Rp3 8　42

Rp3 8

$\phi 48 \frac{H8}{h7}$　$\phi 48 \frac{H8}{h7}$

零件9 B

2 3 4 5 6 7 8 9 10 11 12

A—A

$\phi 108$

B

102　60　25

86

162

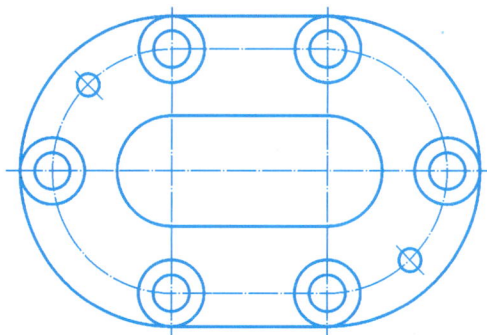

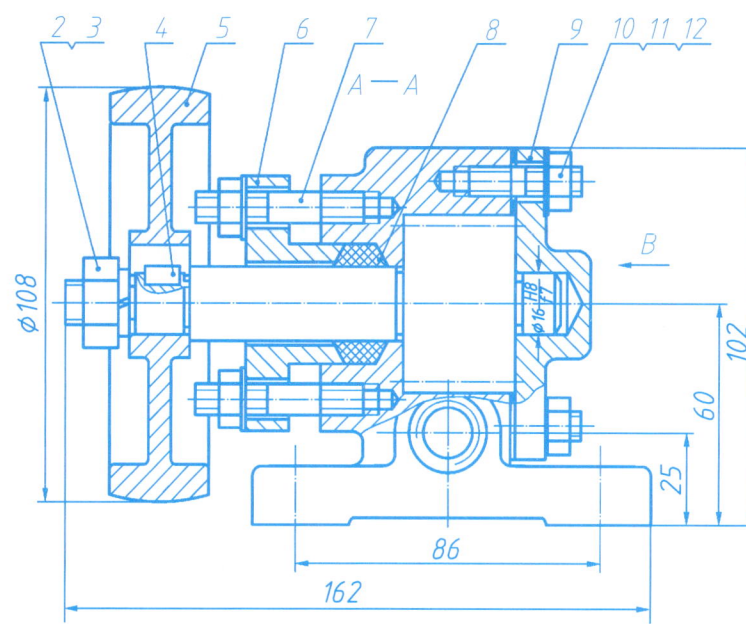

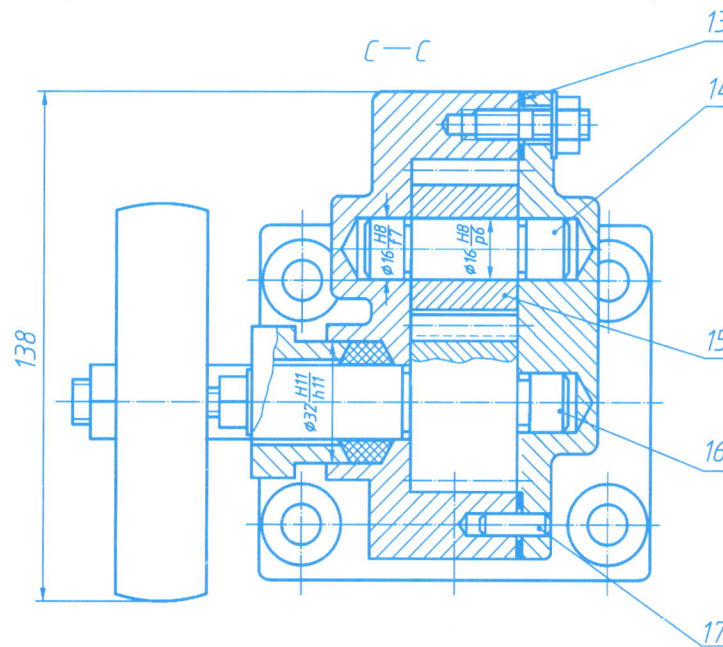

拆去序号2、3、5零件

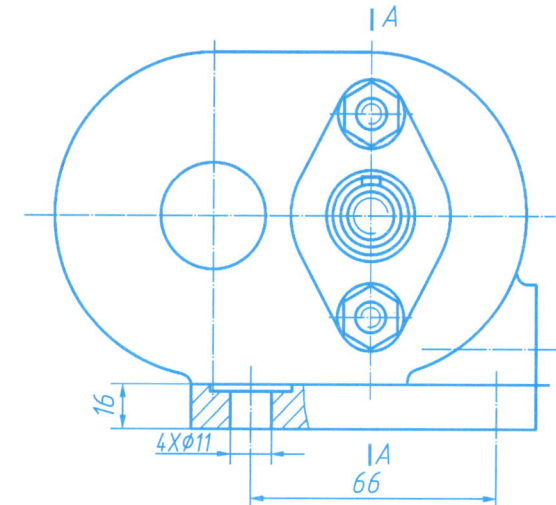

16

4×ϕ11　66

C—C

138

$\phi 16 \frac{H8}{h7}$　$\phi 16 \frac{H8}{h7}$

$\phi 37 \frac{H11}{h11}$

13　14　15　16　17

技术要求

1.齿轮泵装配后，齿面接触斑点跑合后沿齿宽方向应达到90%，沿齿高方向应达到55%。

2.各密封处不得泄漏，工作压力不小于30 MPa。

序号	代 号	名 称	数量	材 料	单件	总计	备 注
					重 量		
17	GB/T 119.1	销 6m6×20	2	45			
16	CLB-07	齿轮轴	1	45			m=3,z=14
15	CLB-06	齿轮	1	45			m=3,z=14
14	CLB-05	轴	1	45			
13		垫片	1	纸			无图
12	GB/T 899	螺柱 M8×20	6	Q235			
11	GB/T 97.1	垫圈 8	8	Q235			
10	GB/T 6170	螺母 M8	8	Q235			
9	CLB-04	泵盖	1	HT150			
8		填料	1	麻			无图
7	GB/T 899	螺柱 M8×35	2	Q235			
6	CLB-03	压盖	1	HT200			
5	CLB-02	带轮	1	HT200			
4	GB/T 1096	键 5×5×10	1	45			
3	GB/T 93	垫圈 12	1	65Mn			
2	GB/T 6170	螺母 M12	1	Q235			
1	CLB-01	泵体	1	HT200			

（单位名称）

齿轮泵

标记 处数 分区 更改文件号 签名 年月日

设计 (签名)(年月日) 标准化 (签名)(年月日)　阶段标记　重量　比例

审核

工艺　批准　共 张 第 张　CLB-00